职业教育课程改革创新示范精品教材

上杂与炒锅

（第2版）

主　编　向　军　安万国　贾亚东
副主编　刘　龙　王　辰
参　编　高新宇　李　冬　牛京刚
　　　　范春玥　李　寅　史德杰

北京理工大学出版社
BEIJING INSTITUTE OF TECHNOLOGY PRESS

版权专有　侵权必究

图书在版编目（CIP）数据

上杂与炒锅 / 向军，安万国，贾亚东主编. —2版. —北京：北京理工大学出版社，2021.11

ISBN 978-7-5763-0718-4

Ⅰ.①上… Ⅱ.①向… ②安… ③贾… Ⅲ.①中式菜肴-烹饪-高等职业教育-教材 Ⅳ.① TS972.117

中国版本图书馆CIP数据核字（2021）第243402号

出版发行 / 北京理工大学出版社有限责任公司
社　　址 / 北京市海淀区中关村南大街5号
邮　　编 / 100081
电　　话 /（010）68914775（总编室）
　　　　　（010）82562903（教材售后服务热线）
　　　　　（010）68944723（其他图书服务热线）
网　　址 / http://www.bitpress.com.cn
经　　销 / 全国各地新华书店
印　　刷 / 定州启航印刷有限公司
开　　本 / 889毫米×1194毫米　1/16
印　　张 / 12.5　　　　　　　　　　　　　　　责任编辑 / 钟　博
字　　数 / 258千字　　　　　　　　　　　　　　文案编辑 / 杜　枝
版　　次 / 2021年11月第2版　2021年11月第1次印刷　责任校对 / 刘亚男
定　　价 / 47.00元　　　　　　　　　　　　　　责任印制 / 边心超

图书出现印装质量问题，请拨打售后服务热线，本社负责调换

以就业为导向的职业教育，是一种跨越职业场和教学场的职业教育，是一种典型的跨界教育。跨界的职业教育，必然要有跨界的思考。职业教育课程作为人才培养的核心，其跨界特征，也决定了职业教育的课程，是一种跨界的课程。

　　课程开发必须解决两个问题：一是课程内容如何选择；二是课程内容如何排序。第一个问题很好理解，培养科学家、培养工程师、培养职业人才所要学习的课程内容是不同的；而第二个问题却是课程开发的关键所在。所谓课程内容的排序，指的是课程内容的结构化。其意为，当课程内容选择完毕，这些内容又如何结构化呢？知识只有在结构化的情况下才能传递，没有结构的知识是难以传递的。但是，长期以来，教育陷入了一个怪圈：以为课程内容只有一种排序方式，即依据学科体系的排序方式来组织课程内容，其所追求的是知识的范畴、结构、内容、方法、组织以及理论的历史发展。形象地说，这是在盖一个知识的仓库，所追求的是仓库里的每一层、每一格、每一个抽屉里放什么，所搭建的只是一个堆栈式的结构。然而，存储知识的目的在于应用。在一个人的职业生涯中，应用知识远比存储知识重要。因此，相对于存储知识的课程范式，一定存在着一个应用知识的课程范式。国际上把应用知识的教育称为行动导向的教育，把与之相应的应用知识的教学体系称为行动体系，也就是做事的体系，或者更通俗地、更确切地说，是工作的体系。这就意味着，除了存储知识的学科体系课程，还应该有一个应用知识的行动体系的课程。也就是说，存在一个基于行动体系的课程内容的排序方式。

　　基于行动体系课程的排序结构，就是工作过程。它所关注的是工作的对象、方式、内容、方法、组织以及工具的历史发展。按照工作过程排序的课程，是基于知识应用的课程，关注的是做事的过程、行动的过程。所以，教学过程或学习过程与工作过程的对接，已成为当今职业教育课程改革的共识。

　　但是，对实际的工作过程，若仅经过一次性的教学化的处理后就用于教学，很可能只是复制了一个具体的工作过程。这里，从复制一个学科知识的仓库到复制一个具体工作过程，尽管是向应用知识的实践转化，然而由于没有一个比较、迁移、内化的过程，学生很难获得可持续发展的能力。根据教育心理学"自迁移、近迁移和远迁移"的规律，以及中国哲学"三生万物"的思想,将实际的工作过程,按照职业成长规律和认知学习规律,予以三次以上的教学化处理,并演绎为三个以上的有逻辑关系的、用于教学的工作过程,强调通过比较学习的方式,实现迁移、内化,进而使学生学会思考,学会发现、分析和解决问题,掌握资讯、计划、决策、实施、检查、评价的完整的行动策略,将大大促进学生的可持续发展。所以,借助于具体工作过程——"小道"的学习及其方法的习得实践,去掌握思维的工作过程——"大道"的思维和方法论,将使学生能从容应对和处置未来和世界可能带来的新的工作。

近年来,随着教学改革的深入,我国的职业教育正是在遵循"行动导向"的教学原则,强调"为了行动而学习""通过行动来学习"和"行动就是学习"的教育理念的基础上、在学习和借鉴国内外职业教育课程改革成功经验的基础之上,有所创新,形成了"工作过程系统化的课程"开发理论和方法。现在这已为广大职业院校一线教师所认同、所实践。

烹饪专业是以手工技艺为主的专业,比较适合以形象思维见长、善于动手的职业教育学校学生。烹饪专业学生职业成长具有自身的独特规律,如何借鉴工作过程系统化课程理论及其开发方法,构建符合该专业特点的特色课程体系,是一个非常值得深入探究的课题。

令人欣喜的是,有着30年烹饪办学经验的北京劲松职业高中,作为我国职业教育领域中一所很有特色的学校,这些年来,在烹饪专业课程教学的改革领域,进行了全方位的改革与探索。学校通过组建由烹饪行业专家、职业教育课程专家和一线骨干教师构成的课程改革团队,在科学的调研和职业岗位分析的基础上,确立了对烹饪人才的技能、知识和素质方面的培训要求,并结合该专业的特点,构建了烹饪专业工作过程系统化的理论与实践一体化的课程体系。

基于我国教育的实际情况,北京劲松职业高中在课程开发的基础上,编写了一套烹饪专业的工作过程系统化系列教材。这套教材以就业为导向,着眼于学生综合职业能力的培养,以学生为主体,注重"做中学,做中教",其探索执着,成果丰硕,而主要特色有以下几点:

1. 按照现代烹饪行业岗位群的能力要求,开发课程体系

该课程及其教材遵循工作过程导向的原则,按照现代烹饪岗位及岗位群的能力要求,确定典型工作任务,并在此基础上对实际的工作任务和内容进行教学化的处理、加工与转化,通过进一步的归纳和整合,开发出基于工作过程的课程体系,以使学生学会在真实的工作环境中,运用知识和岗位间协作配合的能力,为学生未来顺利适应工作环境和今后职业发展奠定坚实基础。

2. 按照工作过程系统化的课程开发方法,设置学习单元

该课程及其教材根据工作过程系统化课程开发的路线,以现代烹饪企业的厨房基于技法细化岗位内部分工的职业特点及职业活动规律,以真实的工作情境为背景,选取最具代表性的经典菜品、制品或原料作为任务、单元或案例性载体的设计依据,按照由易到难、由

基础到综合的递进式逻辑顺序，构建了三个以上的学习单元（即"学习情境"），体现了学习内容序化的系统性。

3. 对接现代烹饪行业和企业的职业标准，确定评价标准

该课程及其教材针对现代烹饪行业的人才需求，融入现代烹饪企业岗位或岗位群的工作要求，对接行业和企业标准，培养学生的实际工作能力。在理实一体化的教学层面，以工作过程为主线，夯实学生的技能基础；在学习成果的评价层面，融入烹饪职业技能鉴定标准，强化练习与思考环节，通过专门设计的技能考级的理论与实操试题，全面检验学生的学习效果。

这套基于工作过程系统化的教材的编写和出版，是职业教育领域深入开展课程和教材改革的新成效的具体体现，是一个具有多年实践经验和教改成果的劲松职业高中的新贡献。我很荣幸将北京劲松职业高中开发的课程和编写的教材，介绍、推荐给读者。

我相信，北京劲松职业高中在课程开发中的有益探索，一定会使这套教材的出版得到读者的青睐，也一定会在职业教育课程和教学的改革与发展中，起到引领、标杆的作用。

我希望，北京劲松职业高中开发的课程及其教材，在使用的过程中，通过教学实践的检验和实际问题的解决，不断得到改进、完善和提高，为更多精品课程教材的开发夯实基础。

我也希望，北京劲松职业高中业已形成的探索、改革与研究的作风，能一以贯之，在建立具有我国特色的职业教育和高等职业教育的课程体系的改革之中，做出更大的贡献。

改革开放以来，职业教育为中国经济社会的发展，做出了普通教育不可替代的贡献，不仅为国家的现代化培养了数以亿计的高素质劳动者和技能型人才，而且在提高教育质量的改革之中，职业教育创新性的课程开发成功的经验与探索——已从基于知识存储的结果形态的学科知识系统化的课程范式，走向基于知识应用的过程形态的工作过程的课程范式，大大丰富了我国教育的理论与实践。

历史必定会将职业教育的"功勋"，铭刻在其里程碑上。

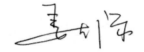

随着社会经济的迅速发展和餐饮业的不断变革,烹饪工艺的不断发展与创新,烹饪文化呈现多元化,对烹饪人才的综合素质要求越来越高。《上杂与炒锅》一书定位在烹饪(中餐)专业主要的训练技能——水烹类菜肴的制作上,并根据厨房岗位的实际情况,首次将上杂工作引入教材,强调炒锅与上杂两个岗位的配合。

本教材以就业为导向,以学生为主体,注重"做中学,做中教,教学做合一",着眼于学生综合职业能力的培养。教材力求体现课改特色:

1. 按照现代企业厨房岗位要求,设置学习任务

炒锅是现代企业厨房在技术方面的核心岗位,上杂是现代企业厨房确保正常运转的核心岗位,在实际工作中,要求二者必须密切配合。教材从岗位实际出发,将上杂与炒锅两个岗位进行整合,通过设置炒锅与上杂合作的真实工作情境,使学生体验在将来真正工作环境中技术的运用和岗位间的协作配合,为学生未来顺利适应工作环境和今后职业发展奠定坚实基础。

2. 体现工学结合、理实一体,注重培养学生综合职业能力

教材打破过去传统烹饪教材单纯教授技能的局限,着眼于学生综合职业能力的培养。在三维学习目标中,系统地对学生在烹饪职业意识、职业习惯及炒锅与上杂岗位间的沟通合作能力方面,在厨房操作安全、菜品质量和厨房卫生意识等方面提出要求。在学习评价的各个环节,突出强调学生综合职业素质和能力的评价与考核。并本着教师在做中教、学生在做中学的原则,以实践问题解决为纽带,将理论、实践、知识、技能及情感态度有机整合,实现理论实践一体化。

3. 对接行业核心技能要求,准确把握教学目标与评价标准

教材在实践教学层面,在菜品质量评价中,融入中式烹调师(四级)职业技能鉴定标准,以行业的标准夯实学生技能基础。在工作过程教学层面,注重与企业岗位工作标准对接。在学生工作过程评价中,融入现代餐饮业对于炒锅、上杂岗位的工作要求与标准,按企业的标准培养学生实际工作能力。

4. 以技法为主线,以任务为载体,将传统培训优势与现代教学创新相融合

教材依据现代企业厨房按照烹饪技法细化岗位内部分工的职业活动规律,按照水烹类菜肴的技法由易到难、由单一到复合,划分了五个学习单元;在每个学习单元内部,按照具体的烹饪技法不同,选取最具代表性的经典菜品为任务载体。每个任务的呈现形式都是主菜肴+自主训练菜肴,在知识学习、技能训练的基础上,举一反三,通过自主

学习与合作学习，巩固所学知识技能，形成和提高综合职业能力。此外，在载体的选择上，充分考虑与水台、砧板、打荷课程的衔接及原材料的成本和季节特点，实现了烹饪专业教学内容的系列化。

5. 图文并茂，浅显直观，交互性强

教材行文浅显易懂，并配了大量精美图片，图片均为编写人员在真实厨房环境中专门为教材编写而拍摄，针对性强，与文字配合度高。文字突出了关键技能的提示，预设了学生学习中可能会出现的问题，在降低学习难度的同时，提高了师生、文本之间的交互性。

6. 知识链接丰富，趣味性强，渗透烹饪文化

教材链接了大量烹饪文化知识、原料知识、技法知识、安全操作知识、食品安全知识，内容丰富翔实，充满趣味性，增强了可读性，为学生的自主学习、课外知识拓展提供了丰富的素材。

教材以任务为载体，每个任务包含两个典型菜肴，主菜肴的学习时间为 6 学时，在炒锅与上杂环境中根据任务要求，按照工作流程完成菜肴的制作。自主训练菜肴学习时间为 3 课时。教师可以根据学生主菜肴学习的情况，按照规定技法要求对辅助训练菜肴进行选择与创编，或者安排学生课下完成。

教材的整体设计体现为学习使用者自主学习、合作学习服务的宗旨，在实施中建议通过小组合作的形式，学生集体制订计划，合作实施计划，共同评价成果。在合作的基础上，学生以小组为单位，在教师的指导下，自主收集资料、主动开展理论与技能学习、自我评价工作成果，充分实现学生的自主学习、合作学习。

本教材是以工作过程为导向的专业课程改革烹饪（中餐）专业核心课程教材，适用于所有开设该专业的职业学校。教材在编写过程中，教学目标涵盖了专业课程目标、劳动部考级目标和行业标准。因此，教材同样适用于劳动部考证培训和各类相关企业培训。

本教材由北京市劲松职业高中中餐烹饪专业正高级教师向军、丰泽园中餐行政总厨安万国和中餐烹饪专业教师贾亚东担任主编，他们共同负责了 5 个单元的整体设计、视频拍摄及 10 个任务的文字撰写；副主编北京市劲松职业高中刘龙、王辰，参编北京市劲松职业高中牛京刚、史德杰、范春玥、李寅老师，大董烤鸭店行政总厨高新宇及瑜舍酒店中餐总厨李冬，共同承担了 16 个任务的文字撰写及视频拍摄，并为本教材体例和内容的设计提供了宝贵意见。编写人员拥有 20 余年的一线工作经验和丰富的国内外企业实践经历，全部参加了以工作过程为导向的新课程的开发与实施。在编写本教材的过程中，得到了北京市课改专家杨文尧校长、北京教育科学研究院的大力支持与耐心指导，保证了教材的专业性、实用性、先进性。在此一并感谢！

本教材中的疏漏与欠妥之处在所难免，真诚希望专家、同行和读者批评指正，以便进一步修订完善。

编 者

2021 年 7 月

目录 CONTENTS

单元一　汤类菜肴的处理与烹制

单元导读 ··· 2
任务一　氽——清氽鱼丸的处理与烹制 ·································· 15
任务二　清汤炖——清炖狮子头的处理与烹制 ···················· 24
任务三　奶汤炖——醋椒鱼的处理与烹制 ······························ 31

单元二　涨发类菜肴的处理与烹制

单元导读 ··· 40
任务一　焖——黄焖鱼肚的处理与烹制 ································· 43
任务二　烧——葱烧海参的处理与烹制 ································· 51
任务三　煮——鸡火煮干丝的处理与烹制 ···························· 61
任务四　扒——贝松菜胆的处理与烹制 ································· 70
任务五　焗——咸鱼鸡粒豆腐煲的处理与烹制 ···················· 77

单元三　蒸汽烹菜肴的处理与烹制

单元导读 ··· 88
任务一　旺火沸水长时间焖蒸——梅菜扣肉的处理与烹制 ·········· 90
任务二　旺火沸水速蒸——八宝酿豆腐的处理与烹制 ················ 99

单元四　辐射烹菜肴的处理与烹制

单元导读 ·· 108
任务一　焖炉烤——叫花鸡的处理与烹制 ·· 110
任务二　烤盘烤——烤羊排的处理与烹制 ·· 121

单元五　组合菜单菜肴的处理与烹制

单元导读 ·· 128
任务一　川菜家宴的处理与烹制 ·· 130
任务二　鲁菜家宴的处理与烹制 ·· 144
任务三　苏菜家宴的处理与烹制 ·· 159
任务四　粤菜家宴的处理与烹制 ·· 175

单元一 汤类菜肴的处理与烹制

单元导读

一、任务描述

本单元主要是以运用"氽、炖"技法的典型菜肴为载体,通过完整的工作任务,学习在炒锅与上杂岗位上,完成工作任务的相关知识、技能和经验,系统地对学生在餐饮职业意识、职业习惯及炒锅与上杂岗位间的沟通合作能力、厨房操作安全、菜品质量和厨房卫生意识等方面提出要求。

"氽"是将加工切配成形的原料上浆或不上浆,或是将泥状丸子形的半成品放入鲜汤或沸水内,迅速加热至熟成菜的烹调方法。氽制菜肴具有汤宽量多、滋味醇厚清鲜、质地细嫩爽口的特点。氽的种类包括生氽、熟氽、水氽、汤氽。

"炖"是指将经过加工处理的原料放入炖锅或其他陶制器皿中,添足汤水用小火长时间烹制,使原料熟软酥烂的烹调方法。炖的分类根据加热方法及热处理不同,可分为清炖、混炖、侉炖、隔水炖。

二、任务简介

本单元由三组汤制类菜肴处理与制作任务组成,每组任务由上杂、炒锅岗位在厨房工作环境中配合共同完成。

任务一:清氽鱼丸的处理与烹制,是以训练"氽"的技法为主的实训任务,氽的特点是氽制菜肴汤宽量多,滋味醇厚清鲜,质地细嫩爽口。本任务的自主训练内容为"清汤萝卜燕的处理与烹制"。

任务二:清炖狮子头的处理与烹制,是以训练"炖"的技法为主的实训任务,"清炖狮子头"是淮扬名菜,也是"炖"技法的典型菜肴,此菜要求选料精严,在刀工上要细切粗斩,更兼加盖或密封,因此成品原味不失。肥嫩异常,蟹粉鲜香,青菜酥烂清口,须用调羹舀食,食后清香满口,齿颊留香,令人久久不能忘怀。本任务的自主训练内容为"清汤蛋白丸子的处理与烹制"。

任务三:醋椒鱼的处理与烹制,是以训练"氽煮"的技法为主的实训任务,醋椒鱼是一款具有浓郁鲁南风味的佳肴,既是汤菜又是饭菜,清淡开胃。此菜刀工处理后采取氽煮的方法,鱼味鲜美,汤味浓厚,色泽呈奶白色,味道酸辣咸鲜。本任务的自主训练内容为"烩乌鱼蛋汤的处理与烹制"。

三、学习要求

本单元的学习任务要求必须在与企业厨房生产环境一致的实训环境中完成。学生通过实际训练能够初步体验和适应炒锅、上杂工作环境；能够按照上杂岗位工作流程基本完成开档和收档工作。在调制浓汤和调制清汤的任务中，能够按照炒锅岗位工作流程，运用汆、炖等技法和勺工、火候、调味、勾芡、装盘技术完成典型菜肴的制作，并在工作中培养合作意识、安全意识和卫生意识。

四、相关知识

（一）认识工作环境

"上杂与炒锅"课程学习是在炒锅上杂仿真实训室完成，实训场地面积平均不小于2.5平方米，空间合理、照明充足、遮光通风、具备三条线（配菜台、上杂台、中餐炒灶）、水电煤气接入正常，如图1-0-1所示。

图 1-0-1　工作环境
（a）实训场地（一）；（b）实训场地（二）

工作台柜、中式炒灶、万能蒸烤箱、双头低汤灶、调料车、抽油烟设备、保鲜冰箱、保温箱等实训设备齐备，工位数在40个以上，设备摆放模拟饭店厨房热菜间布局。

（二）认识炒锅与上杂岗位工艺流程

工艺流程如图1-0-2所示。

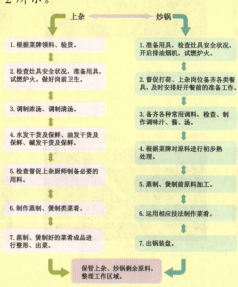

图 1-0-2　工艺流程

1. 炒锅、上杂工作都需要进行开餐前的准备工作（餐饮行业叫作"开档"）

上杂1. 根据菜牌领料、验货，如图1-0-3所示。

(a) (b) (c)

图1-0-3 领料、验货

(a) 依单领料；(b) 领取原料；(c) 验收原料

上杂2. 检查灶具安全状况，准备用具，试燃炉火，做好岗前卫生，如图1-0-4所示。

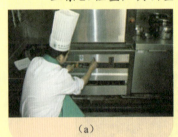  

(a) (b) (c)

图1-0-4 安全与卫生

(a) 检查灶具；(b) 准备用具；(c) 岗前卫生

炒锅1. 清理调料盒及调料，补齐调料及烹调用油，准备器皿及清理卫生，如图1-0-5所示。

(a) (b) (c)

图1-0-5 清理

(a) 清理调料盒及调料；(b) 补齐调料及烹调用油；(c) 准备器皿及清理卫生

炒锅2. 烧锅并清理灶前工具，过滤烹调用油，补齐烹调用油的准备工作，如图1-0-6所示。

 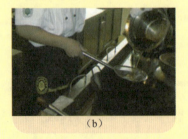 

(a) (b) (c)

图1-0-6 准备工作

(a) 烧锅并清理灶前工具；(b) 过滤烹调用油；(c) 补齐烹调用油

2. 炒锅、上杂工作都需要进行开餐后的收尾工作（餐饮行业叫作"收档"）

上杂：依据小组分工对剩余的主料、配料、调料进行妥善保存；清理卫生，整理工作区域，如图1-0-7所示。

图1-0-7　清洁及保管
（a）清洁电器设备；（b）清洁工作台面；（c）保管剩余原料

炒锅：依据小组分工，对工作区域的设备、工具进行清洗，所有物品经整理后归位原处，码放整齐，如图1-0-8、图1-0-9所示。

 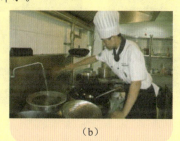

图1-0-8　清洁整理
（a）清洁地面；（b）清洁灶具

图1-0-9　关闭开关
（a）关闭燃气；（b）关闭燃气总开关；（c）关闭电源

厨余垃圾经分类后，要送到指定垃圾站点。

（三）炒锅与上杂常用设备

1. 炒锅常用设备

设备如图1-0-10所示。

图 1-0-10　炒锅常用设备

（a）燃气鼓风双头双尾灶；（b）燃气中餐二主二子灶；（c）燃气鼓风二眼蒸气锅灶；（d）单面拉门柜带配菜架；（e）双面拉门操作柜；（f）带脚踏板操作台；（g）简易调料车；（h）调料缸；（i）火锅盘、大勺、铲

2. 上杂常用设备

设备如图 1-0-11 所示。

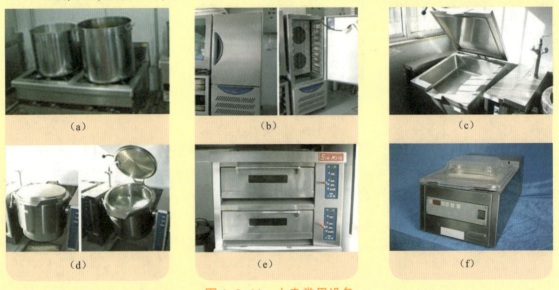

图 1-0-11　上杂常用设备

（a）低汤灶；（b）急冻冰箱；（c）多用途汤炉；（d）摇摆式汤锅；（e）双层烤箱；（f）抽真空机

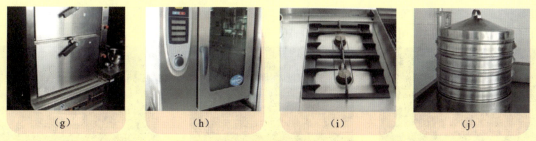

图 1-0-11 上杂常用设备（续）
（g）燃气蒸箱；（h）万能蒸烤箱；（i）双眼平头灶；（j）笼屉

（四）按照上杂、炒锅工作任务需求准备常规工具

1. 炒锅岗位所需工具准备齐全

双耳煸锅、方塑料筐、配菜盘、手勺、漏勺、油盐子、锅托、平底漏盆、油筛、马斗、炊手、带手布、调味勺、筷子等，如图1-0-12所示。

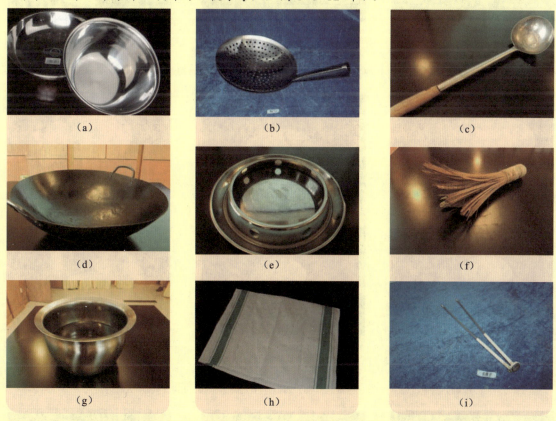

图 1-0-12 炒锅工具

（a）马斗及配菜盘；（b）漏勺；（c）手勺；（d）炒锅；（e）锅托；（f）炊手；（g）油盐子；（h）带手布；（i）筷子

2. 上杂岗位所需工具准备齐全

大中小马斗、调料盒、铁锅、砂锅、煲、白色大汤盆、鲍鱼盅、翅盅、炖盅、扣碗、不锈钢盆、不锈钢肉钎、烤盘、锡纸、蒸盘、笼屉、调味勺、砍刀、片刀、直刻小刀、分刀、别骨刀、肉叉、剪刀、肉锤、挂钩、水舀子、汤勺、平底大漏盆、蛋抽子、平铲、尖嘴镊子、长筷子、温度计、刮板、镘子、竹达、台秤、小型电子秤、油刷、板刷、线绳、

调料包、纱布、带手布、保鲜膜、吸油纸、真空保鲜袋、塑料菜板、防烫手套等，如图 1-0-13、图 1-0-14、图 1-0-15、图 1-0-16、图 1-0-17 所示。

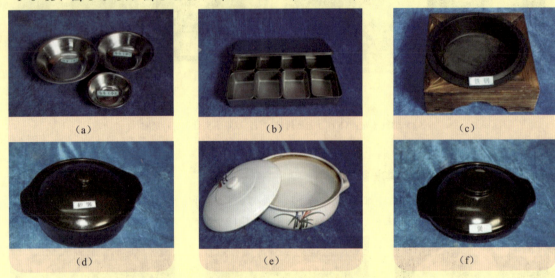

图 1-0-13　锅等工具
(a) 大中小马斗；(b) 调料盒；(c) 铁锅；(d) 砂锅；(e) 大号砂锅；(f) 煲

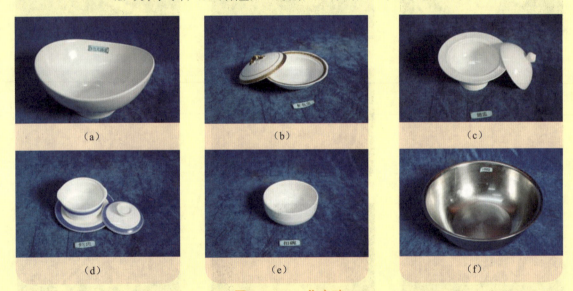

图 1-0-14　盆盅碗
(a) 白色大汤盆；(b) 鲍鱼盅；(c) 翅盅；(d) 炖盅；(e) 扣碗；(f) 不锈钢盆

图 1-0-15　蒸烤工具
(a) 不锈钢肉钎；(b) 烤盘；(c) 锡纸

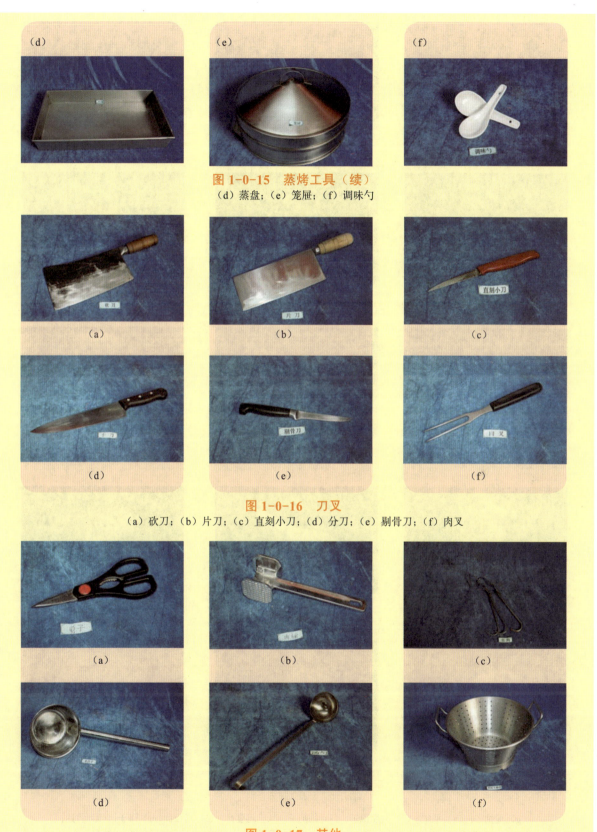

图 1-0-15　蒸烤工具（续）
（d）蒸盘；（e）笼屉；（f）调味勺

图 1-0-16　刀叉
（a）砍刀；（b）片刀；（c）直刻小刀；（d）分刀；（e）剔骨刀；（f）肉叉

图 1-0-17　其他
（a）剪刀；（b）肉锤；（c）挂钩；（d）水舀子；（e）汤勺；（f）平底大漏盆

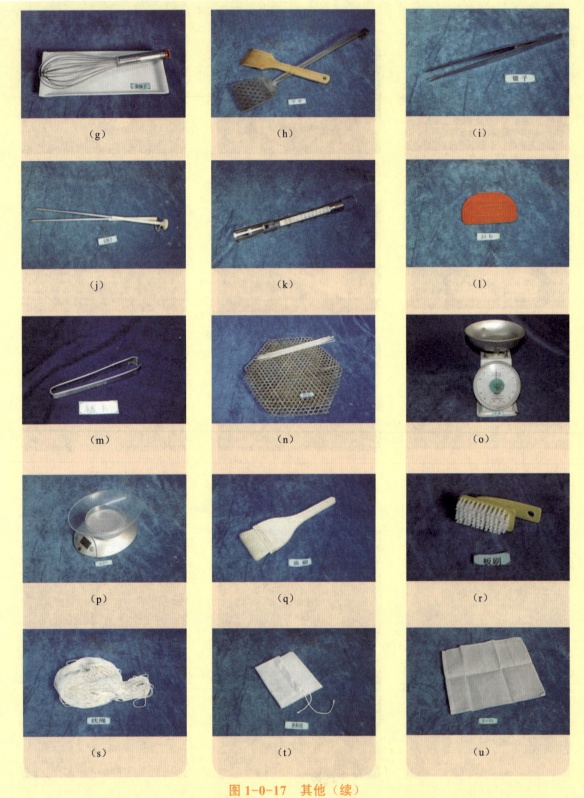

图 1-0-17 其他（续）

（g）蛋抽子；（h）平铲；（i）尖嘴镊子；（j）长筷子；（k）温度计；（l）刮板；（m）镊子；（n）竹达；（o）台秤；（p）小型电子秤；（q）油刷；（r）板刷；（s）线绳；（t）调料包；（u）纱布

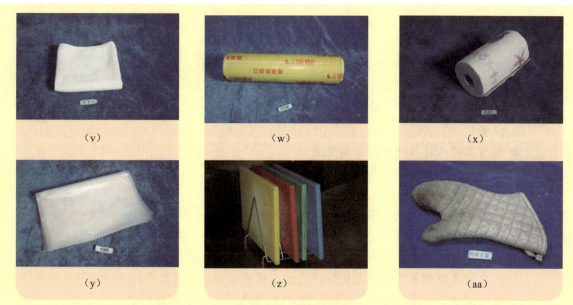

图 1-0-17 其他（续）

（v）带手布；（w）保鲜膜；（x）吸油纸；（y）真空保鲜袋；（z）塑料菜板；（aa）防烫手套

（五）相关知识

1. 上杂岗位流程

（1）根据菜牌领料、验货。

（2）检查灶具安全状况，准备用具，试燃炉火。做好岗前卫生。

（3）调制浓汤、调制清汤。

（4）水发干货及保鲜、油发干货及保鲜、碱发干货及保鲜。

（5）检查督促上杂厨师制备必要的用料。

（6）制作蒸制、煲制类菜肴。

（7）蒸制、煲制好的菜肴成品进行整形、出菜。

2. 炒锅岗位流程

（1）准备用具，检查灶具安全状况，开启排油烟机，试燃炉火。

（2）督促上杂、打荷岗位备齐各类餐具，及时安排好开餐前的准备工作。

（3）备齐各种常用调料，检查、制作调味汁、酱、汤。

（4）根据菜牌对原料进行初步熟处理。

（5）蒸制、煲制前原料加工。

（6）运用相应技法制作菜肴。

（7）出锅装盘。

收档时上杂与炒锅分别进行保管上杂、炒锅剩余原料，整理工作区域的工作。

（六）厨房管理五常法

厨房管理五常法是用来创造和维护良好工作环境的一种有效技术。

1. 五常法含义

五常法是用来创造和维护良好工作环境的一种有效技术，包括常组织、常整顿、常清洁、常规范、常自律。它源自五个以"S"为首的日本字，又称5S。

1S——常组织

① 定义：判断必需与非必需的物品，并将必需物品的数量降到最低程度，将非必需的物品清理掉。

② 目的：把"空间"腾出来灵活运用并防止误用。

③ 做法：

★ 对所在的工作场所进行全面检查。

★ 制定需要和不需要的判别基准。

★ 清除不需要物品。

★ 调查需要物品的使用频率，以决定日常用量。

★ 根据物品的使用频率进行分层管理。

2S——常整顿

① 定义：要用的东西依规定定位、定量，明确标示，摆放整齐。

② 目的：整齐、有标示，30秒找到要找的东西，不用浪费时间。

③ 做法：

★ 对可供放物品的场所和物架进行统筹（画线定位）。

★ 将物品在规划好的地方摆放整齐（规定放置方法）。

★ 标示所有的物品（目视管理重点）。

④ 达到整顿的四个步骤：

★ 分析现状。

★ 物品分类。

★ 储存方法。

★ 贯彻贮存原则。

3S——常清洁

① 定义：清除工作场所各区域的脏乱，保持环境、物品、仪器、设备处于清洁状态，防止污染的发生。

② 目的：环境整洁、明亮，保证取出的物品能正常使用。

③ 做法：建立清洁责任区。

④ 清洁要领：

★ 对工作场所进行全面的大清扫，包括地面、墙壁、天花板、台面、物架等地方都要清扫。

★ 注意清洁隐蔽的地方，要使清洁更容易，尽量使物品向高处放置。

★ 仪器、设备每次用完，都要清洁干净并上油保护。

★ 破损的物品要清理好。

★ 定期进行清扫活动。

履行个人清洁责任。

谨记：清洁并不是单纯地弄干净，而是用心来做。

4S——常规范

① 定义：连续地、反复不断地坚持前面的3S活动。一句话，就是养成坚持的习

惯，并辅以一定的监督措施。
② 目的：通过制度化来维持成果。
③ 做法：
★ 认真落实前面的3S工作。
★ 分文明责任区，分区落实责任人。
★ 视觉管理和透明度。
★ 制定稽查方法和检查标准。
★ 维持5S意识。坚持上班5S一分钟，下班前5S五分钟，时刻不忘5S。
谨记：不搞突击，贵在坚持和维持，常规范技巧，视觉管理，增加透明度，制定标准。

5S——常自律
① 定义：要求人人依规定行事，养成好习惯。
② 目的：改变"人治"，养成工作规范认真的习惯。
③ 做法：
★ 持续推动前4S至习惯化。
★ 制定共同遵守的有关规则、规定。
★ 持之以恒：坚持每天应用五常法，使五常法成为日常工作的一部分。
★ 加强五常法管理：每季度一周为"5S加强周"，纳入质量检查的内容。

2．下班前五分钟五常法

（1）组织：把不需要的东西放回仓库。
（2）整顿：把所有用过的文件、工具、仪器以及私人物品都放在应放的地方。
（3）清洁：擦净自己用过的工具、物品、仪器和工作台面并清扫地面。
（4）规范：固定可能脱落的标签，检查整体是否保持规范，不符合的及时纠正。
（5）自律：今天的事今天做，检查当班工作是否完成，检查服装状况和清洁度，预备明天的工作。

3．五常法的实际效用

（1）提供整洁、安全、有条理的工作环境。
（2）提高工作效率。
（3）提高员工素质。
（4）保障品质。
（5）塑造良好的企业形象。

4．五常法守则

工作常组织，天天常整顿，环境常清洁，事物常规范，人人常自律。

5．推行五常法的步骤

（1）组织：成立5S推行小组并拟定活动计划。
（2）规则：组织制定各项5S规范和审核标准。
（3）培训：宣传5S基本知识、各项5S规范。
（4）执行：全面执行各项5S规范，自我审核。

（5）监督：组织检查、互相评估。

6. 知识链接

"五常法"是我国香港何广明教授在1994年始创的概念。在各机构里，"五常法"是用来维持品质环境的一种有效技术。"五常法"源于五个日本字（其中Seiri意为整理，Seiton意为整顿，Seiso意为清扫，Seiketsu意为清洁，Shitsuke意为修养），全部是"S"开头的字，所以它也称为5S。5S在日本民间已流传了200多年，江户时代的日本人，已开始习惯抛掉不想要的东西，以"空"为佳。何广明教授在日本研究优秀企业的时候，发现了5S在其中所起的巨大作用。1994年，他整理出了基于5S的优质管理方法——"五常法"，即"常组织""常整顿""常清洁""常规范""常自律"，同时此法获得香港地区政府的支持，并在当地推广。十年间，他的"五常法"被广泛运用于各机构中，取得管理方面的奇迹。

目前国际上的企业管理系统种类繁多，但并不十分适合中国企业家使用，原因是那些系统太复杂、太抽象，常常令人丈二和尚摸不着头脑。中国人喜欢具体性、形象性、条理性，企业管理也一样，企业家们需要的不是长达数百页的目标与理论，而是具体化怎么做，"五常法"恰恰就是要教人怎么做，它是一个工具，而不是一个目标。这个工具又十分简单，只有15个字，易懂易记易做，不论文化高低，不论年纪大小，不论职务贵贱，人人都能懂能记能做到，简直就是为中国企业管理度身定造。中国人的传统是，只要有用的东西都舍不得丢掉，企业往往也一样。大量没有使用价值的杂物堆在各个角落，占用了最宝贵的场地资源和人力资源。每次找一样东西，都要打开所有的抽屉桌柜狂翻乱找。

"五常法"虽然条理简单，却实用、高效。实施"五常法"不仅可减少浪费和损坏，还可改善工作环境、改善产品及服务质量，增加顾客满意度，以及提升公司形象、增进员工沟通、加强团队精神、增强竞争力等。

任务一　氽——清氽鱼丸的处理与烹制

一、任务描述

[内容描述]

今天浙江杭州市某学院教师团访问我校，中午要在我校进餐，我们负责制作部分菜肴，在中餐热菜厨房工作环境中，上杂与炒锅岗位协作完成苏扬风味鱼丸菜肴"清氽鱼丸"烹制的工作任务，体验完整的上杂与炒锅工作过程。

[学习目标]

（1）了解草鱼、蛋清调味料等原料知识及使用常识。
（2）学会"清氽鱼丸"的鱼茸加工处理。
（3）初步掌握"清氽"菜肴烧制火候的鉴别与运用。
（4）运用"清氽"技法和"盛装法"的装盘手法完成"清氽鱼丸"的制作。运用"清氽"技法，完成菜肴口味的调制。
（5）能够进行炒锅和打荷岗位的初步沟通，培养安全意识，遵守厨房灶前安全规范要求。

二、成品标准

成品标准如图 1-1-1 所示。
（1）鱼丸色泽洁白。
（2）汤汁清亮。
（3）口味咸鲜香。
（4）口感鲜嫩细软。

"清氽鱼丸"，一道清新淡雅、一如江南美景

图 1-1-1　清氽鱼丸

的杭州美食。清汤鱼圆一般在春节食用比较多，因为它象征着团团圆圆，生活美满。

三、相关知识

(一) 氽的定义

氽是将加工切配成形的原料，上浆或不上浆，或是将泥状丸子形的半成品放入鲜汤或沸水内，迅速加热至熟成菜的烹调方法。氽制菜肴具有汤宽量多、滋味醇厚清鲜、质地细嫩爽口的特点。

(二) 操作要求及特点

（1）氽制要求刀工严格，原料加工要粗细一致、厚薄均匀，不能有连刀和碎渣，否则影响菜肴的美观和成熟时间的不一致。

（2）加工制作各种肉泥，要去筋剁细。原料上浆要上劲。

（3）氽制时，水要沸腾。否则，不上浆的原料易老，上浆的原料易脱浆，严重影响菜肴质量。

（4）辅料不宜多加，以保证氽制菜肴的细嫩质感。对于成熟较慢的辅料，事先可进行焯水处理，以缩短成菜时间。

四、制作准备

(一) 工艺流程

工艺流程如下。

> 任务："清氽鱼丸"开档→选择原料→加工主配料→调制茸泥→组配原料→烹制成菜→成品装盘→菜肴整理→收档

(二) 工具准备

按照本单元要求进行上杂、打荷、炒锅开档工作；按照完成"清氽鱼丸"工作任务需求准备常规工具。

1. 炒锅岗位准备工具

带手布、洗涤灵、铁锅、量杯、手勺、漏勺、油盐子、油隔、筷子、保鲜膜、保鲜盒、生料盆、品尝勺、挖球器、多功能食品加工机。

2. 上杂岗位准备工具

台柜工具，刀具、汤桶、汤盆、纱布、大漏盆。

3. 打荷岗位准备工具

不锈钢刀具、砧板、9寸[①]汤盘、消毒毛巾、筷子、餐巾纸、食品雕刻刀、剪刀、料盆、餐具、盆、马斗、带手布、调料罐、保鲜盒、保鲜膜。

五、制作过程

（一）原料准备

上杂岗位与炒锅岗位配合领取并备齐"清汆鱼丸"所需主料、配料和调料，如表1-1-1、表1-1-2所示。

表1-1-1　准备热菜所需主料、配料

菜肴名称	份数	准备主料		准备配料		准备料头		盛器规格
		名称	数量/克	名称	数量	名称	数量	
清汆鱼丸	1	草鱼肉（或鲢鱼、鳜鱼等）	200	冬笋	20克	葱	10克	9寸汤盘
						姜	10克	
						料酒	10毫升	
						味精	2克	
				豆苗	3棵	胡椒粉	1克	
						香油	6毫升	
						蛋清	150克	
						猪油	30克	
						清汤	1000毫升	
						湿淀粉	25克	

表1-1-2　准备热菜调味（复合味型）——鲜汤调汁

调味品名	数量	风味要求
黄酒	15毫升	
精盐	1克	汤汁清亮，口味咸鲜香
味精	2克	
清汤	1000毫升	

（二）原料加工

步骤如图1-1-2所示。

---

① 1寸≈0.033米。

步骤一：
将锅中的清水烧开，将剁好的鸡肉、鸡爪、排骨放入水中，并将血沫去净。

步骤二：
将排骨、鸡肉、鸡爪捞出，放入汤桶中，先用大火烧开，后改用文火炖制120分钟以上。

步骤三：
将炖好的汤过滤到另一个干净的汤锅中。

步骤四：
将鸡脯肉用绞肉机打成碎泥，放入拍碎的葱姜，加入适量的黄酒、清水，稀释成黏稠粥状的鸡茸。

步骤五：
将过滤后的清汤煮沸，将调制好的鸡茸顺着一个方向边倒入边搅拌，均匀后即成。

步骤六：
待鸡茸浮于汤的表面且周围有少量的气泡冒出时，改用小火，吊制约40分钟。

步骤七：
纱布铺于漏勺上，将吊好的清汤连同鸡茸一起进行过滤。

步骤八：
用吸油纸吸去清汤表面的浮油后，清汤清澈如水，色泽淡黄。

图 1-1-2　原料加工

技术要点：

（1）原料应冷水下锅，逐步加热，这样有利于鲜味物质溶出。

（2）严格控制好火候。吊制清汤应控制火力使汤面微开，呈菊花状，并长时间文火加热。

（3）制汤时应一次将水加足，中途不再加水。

（4）制汤不能先放盐，以免影响汤汁鲜醇，并使汤色灰暗。

（5）为了使清汤更清更鲜，可以在清汤的基础上加入用葱姜汁浸泡过的鸡茸（或肉茸）吊汤，使汤越来越清，越来越鲜。

（6）制汤时应加盖，制好汤应加盖并保温。

小贴士：

火力过大会煮成白色奶汤。

（三）菜肴加工组配

（1）主料：草鱼肉（或鲢鱼、鳜鱼等）200克，如图1-1-3所示。

图1-1-3　配菜

（2）配料：冬笋20克，豆苗3棵。

（3）调料：葱、姜、料酒、精盐、味精、胡椒粉、香油、蛋清150克，清汤、湿淀粉、猪油30克。

（4）准备工作：多功能食品加工机，葱姜水一盆，如图1-1-4所示。

图1-1-4　准备工作

（5）制作鱼茸。

步骤如图 1-1-5 所示。

步骤一：
将加工好的草鱼肉放入多功能食品加工机中。

步骤二：
将葱姜水、料酒、胡椒粉、鸡粉、湿淀粉放入多功能食品加工机中。

步骤三：
搅拌 2～3 分钟完全打碎后，打开盖子放入少量的食用盐盖上盖子继续搅拌。

小提示：如果提前放盐，鱼肉会出大量的胶质，机器会搅打不开鱼肉，其他调味料也不容易进去，而且鱼肉的质感发硬。

步骤四：
在多功能食品加工机搅拌过程中速度放慢加入鸡蛋清，大概 6 个鸡蛋清，分三次放入，继续快速搅拌，中途用筷子拌匀后，继续搅打。

步骤五：
将鱼茸搅拌均匀后放入猪大油，然后继续搅拌。

小提示：加入猪大油可以让鱼丸变得更加细嫩、洁白、有香气。

步骤六：
将搅拌好的鱼茸倒入盆中。

图 1-1-5　制作鱼茸

（四）烹制菜肴

步骤如图 1-1-6 所示。

步骤一：
用挖球器沾上凉水，手中攥好鱼茸，用挖球器将其挖成球状。

步骤二：
将挖好的鱼丸放入冷水中轻轻一晃，鱼丸就自动脱离挖球器，漂浮在冷水表面。

步骤三：
将水烧热至60摄氏度左右时，将鱼丸连同清水轻轻倒入水中。

步骤四：
鱼丸煮熟后，用漏勺将鱼丸捞出放入冷水中清洗。

步骤五：
锅中倒入鸡清汤，加精盐、鸡粉、胡椒粉，用手勺搅拌均匀。

步骤六：
加入焯好水的冬笋片，继续搅拌。

步骤七：
待汤汁快煮开时，将氽好的鱼丸放入调制好的鸡汤中，续煮制。

步骤八：
待鱼丸成熟后，放入豆苗。

步骤九：
出锅装盘即可。

图1-1-6　烹制菜肴

小贴士：

由于锅中水还是凉水，鱼丸还没有定型，所以不要用手勺搅拌鱼丸。煮鱼丸的锅一定要清洗干净，以免影响鱼丸的色泽。

技术要点：

（1）鱼肉挑去肉筋、鱼刺。

（2）制作鱼丸要做到三必须：必须顺同一方向搅动；必须冷水下锅；必须小火慢慢浸熟。

（3）用手勺底部轻轻推动鱼丸，使其受热均匀。

小贴士：

制作鱼丸时应注意锅中的汤水量，汤少时鱼丸容易相互挤碰，造成外形不圆，影响美观。

（五）成品装盘与整理装饰

炒锅与打荷岗位协作完成成品装盘，打荷岗位操作完成整理和装饰，如图1-1-7所示。

图 1-1-7　装盘与整理装饰

技术要点：

（1）采用盛装法装盘，让鱼丸突出。

（2）码放豆苗，最后可将枸杞点缀盆中，确保菜肴美观。

（3）保证卫生洁净。

（六）按照岗位要求打荷、炒锅和上杂配合协作完成收档工作

收档工作如下：

依据小组分工对工作区域的设备、工具进行清洗，所有物品经整理后归位原处，码放整齐。各种用具、工具干净，无油腻、无污渍；炉灶清洁卫生，无异味；抹布应干爽、洁净，无油渍、污物，无异味。厨余垃圾经分类后送到指定垃圾站点。

> 收档程序：保管剩余原料，依据小组分工对剩余的主料、配料、调料进行妥善保存→容易变质的原料封保鲜膜放入0～4摄氏度冰箱保存→擦拭整理货架→清洁电器设备，及时清理灭蝇灯→清洁炉灶和工具→关闭燃气灶具→关闭燃气总开关→清洁工作台面和水池→清洁地面→关闭电源→关闭门窗

六、评价标准

工作任务评价标准如表 1-1-3 所示。

表 1-1-3　工作任务评价标准

项目	配分	评价标准
刀工	15	鱼茸细腻，无筋、无刺
口味	25	咸鲜香
色泽	10	鱼丸色泽洁白，大小一致
汁、芡、油量	20	汤汁清亮，少油
火候	20	口感鲜嫩细软
装盘成形（9寸汤盘）	10	鱼丸突出、盘边无油迹，盘饰卫生，简洁美观

任务二 清汤炖——清炖狮子头的处理与烹制

一、任务描述

[内容描述]

同学们,教师节到了,我们在炒锅环境中,与打荷岗位配合,和专业课教师一起共同制作一道菜肴,完成扬州名菜"清炖狮子头"烹制的工作任务,体验完整的上杂与炒锅工作过程。

[学习目标]

(1) 了解猪肉、排骨、蛋清、冬笋、香菇、火腿等原料知识及使用常识。
(2) 细切粗斩——掌握五花肉的刀工处理。
(3) 了解"清炖"技法,掌握"中火""急火"的鉴别与运用。
(4) 学习"清炖"技法的运用,初步掌握清汆菜肴烧制火候的鉴别与运用、口味的调制、装盘成形手法,完成清炖狮子头的制作。
(5) 掌握上杂岗位与炒锅岗位分工合作流程。
(6) 能够进行炒锅和打荷岗位的进一步沟通,培养安全意识,遵守厨房灶前安全规范要求。

二、成品标准

此菜色泽洁白,汤汁白亮,有蟹油漂浮,口味咸鲜香浓醇厚,口感鲜嫩细软,入口即化,肥而不腻,如图1-2-1所示。

图1-2-1 清蒸狮子头

三、相关知识

（一）炖的定义

炖是指将经过加工处理的原料放入炖锅或其他陶制器皿中，添足汤水用小火长时间烹制，将原料炖至熟软酥烂的烹调方法。

（二）炖的分类

炖根据加热方法及热处理不同，可分为清炖、侉炖、隔水炖。

清炖：是将烹调原料出水后或直接放入水中、不加配料烹制加热的一种烹调方法。

（三）操作要求

（1）选择新鲜无异味、质地细嫩的动植物性原料及食用菌、藻类原料，制成大小适中的块状、茸泥加工成丸状。

（2）原料需先码味，再搅拌均匀。

（3）用小火长时间加热成熟。

（4）汤汁较宽。

（四）装盘

装盘时可以根据不同的器皿及上菜要求，单个装、两个装、四个装，灵活掌握。

四、制作准备

（一）工艺流程

工艺流程如下。

> 任务："清炖狮子头"开档→选择原料→加工制作肉圆→组配原料→炖制成菜→成品装盘→菜肴整理→收档

（二）工具准备

按照本单元要求进行上杂、打荷、炒锅开档工作；按照完成"清炖狮子头"工作任务需求准备常规工具。

1. 炒锅岗位准备工具

带手布、洗涤灵、铁锅、手勺、漏勺、油盐子、油隔、筷子、保鲜膜、保鲜盒、生料盆、品尝勺。

2. 上杂岗位准备工具

设备：煲仔炉、汤炉、底汤灶、不锈钢操作台。

工具：小刀、汤桶、汤盆、炖盅、砂锅。

3. 打荷岗位准备工具

不锈钢刀具、砧板、筷子、餐巾纸、料盆、餐具、盆、马斗、带手布、调料罐、保鲜盒、保鲜膜。

五、制作过程

（一）原料准备

上杂岗位与炒锅岗位配合领取并备齐"清炖狮子头"所需主料、配料和调料。制作清炖狮子头的主要原料有五花肉、冬笋、鸡蛋、虾籽、淀粉等，如表1-2-1、表1-2-2所示。

表1-2-1 准备热菜所需主料、配料

菜肴名称	份数	准备主料		准备配料		准备料头		盛器规格
		名称	数量/克	名称	数量	名称	数量	
清炖狮子头	1	猪肉（肥6瘦4）	300	蟹黄	30克	葱	75克	9寸砂锅
				排骨	100克	姜	30克	
				冬笋	30克	料酒	60毫升	
				白菜叶	2大片	精盐	3克	
				香菇	5片	味精	5克	
				火腿	5片	胡椒粉	4克	
						虾籽	10克	
						蛋清	100克	
						净油	30毫升	
						清汤	1000毫升	
						干淀粉	25克	

表1-2-2 准备炖汤调味（复合味型）——鲜汤调汁

调味品名	数量	风味要求
料酒	10毫升	
精盐	3克	
味精	2克	口味咸鲜，香浓醇厚
胡椒粉	1克	
清汤	1000毫升	

（二）菜肴组配与成形过程

1. 菜肴加工组配

步骤如图 1-2-3 所示。

步骤一： 将猪肉用刀切成石榴粒大的丁。

步骤二： 火腿切片，冬笋切片（飞水），葱姜切段、切片。

步骤三： 葱姜切末，虾籽用温水泡发。

步骤四： 菜肴组配后，将原料分别放置。

图 1-2-3　配菜

2. 狮子头成形

步骤如图 1-2-4 所示。

步骤一： 将食用盐1.5克、鸡粉1.5克、胡椒粉1克、黄酒15克、鸡蛋清70克，放入切好的肉馅中，开始搅拌均匀。

步骤二： 放比较稠的湿淀粉，将肉馅搅拌均匀。

步骤三： 将拌匀的肉馅在盆中进行摔打，摔制10分钟左右。

步骤四： 把葱末、姜末和发制好的虾籽放入摔制好的肉馅中，进行调拌均匀。

步骤五： 将拌制好的肉馅揉成团，放入准备好的盘中，每个丸子重约50克。

步骤六： 将揉制好的丸子酿入蟹黄。

图 1-2-4　成形

（三）烹制菜肴

步骤如图 1-2-5 所示。

步骤一：
将 15 克黄酒、1 克鸡粉和胡椒粉、15 克金华火腿片、50 克冬笋片、40 克香菇放入汤中进行调味，加火煮热。

步骤二：
用淀粉调制成淀粉浆。

步骤三：
在分好的丸子表面裹上薄薄的淀粉浆，在手中进行反复拍打，让丸子变得更紧实、更光滑。

步骤四：
将裹好淀粉浆的丸子下入烧开的汤中，用筷子将丸子中的蟹黄翻至朝上。

步骤五：
将准备好的白菜叶盖在丸子的表面，第一防止丸子熟了之后漂在汤的表面会变干，第二防止炖制过程中水分蒸发过快，第三可以使汤汁鲜味，不易流失。

步骤六：
盖上砂锅盖进行大火烧开，然后小火炖制 3 小时左右。

步骤七：
关火，将白菜叶取出，将蟹黄没有朝上的丸子调至朝上。

步骤八：
再次放入适量的食用盐、胡椒粉，进行二次调味。

图 1-2-5　烹制菜肴

步骤九：
将事先用开水烫制好的油菜芯放入汤中。

步骤十：
将砂锅端到事先准备好的盘中。

图 1-2-5　烹制菜肴（续）

技术要点：

（1）原料新鲜，刀工精细。

（2）码味清淡，腌制均匀。

（3）制作肉丸的手法准确合理，大小一致。

（4）火候掌握恰当。

（5）炖制过程中，随时撇去浮油。

（6）配料用量适中。

（7）炖制时间要充足。

（8）此菜应根据季节变化，适当调整肥瘦肉的比例。

（9）此菜也可以放入蒸箱蒸制成熟，行业中多用此法。

小贴士：

使用汽锅时，一定要检查气孔是否通畅，否则会影响菜肴质量，且造成汽锅损坏。

（四）成品装盘与整理装饰

炒锅与打荷岗位协作完成成品装盘，打荷岗位操作完成整理和装饰，如图 1-2-6 所示。

图 1-2-6　装盘与整理装饰

（五）按照岗位要求打荷、炒锅和上杂配合协作完成收档工作

收档工作如下：

依据小组分工对工作区域的设备、工具进行清洗，所有物品经整理后归位原处，码放整齐。各种用具、工具干净，无油腻、无污渍；炉灶清洁卫生，无异味；抹布应干爽、洁净，无油渍、污物，无异味。厨余垃圾经分类后送到指定垃圾站点。

> 收档程序：保管剩余原料，依据小组分工对剩余的主料、配料、调料进行妥善保存，容易变质的原料封保鲜膜放入 0～4 摄氏度冰箱保存→擦拭整理货架→清洁电器设备，及时清理灭蝇灯→清洁炉灶和工具→关闭燃气灶具→关闭燃气总开关→清洁工作台面和水池→清洁地面→关闭电源→关闭门窗

六、评价标准

工作任务评价标准如表 1-2-3 所示。

表 1-2-3　工作任务评价标准

项目	配分	评价标准
刀工	15	猪肉用刀切成石榴粒大的丁，均匀整齐
口味	25	口味咸鲜，香浓醇厚
色泽	10	色泽洁白
汁、芡、油量	20	汤汁白亮，有蟹油漂浮
火候	20	口感鲜嫩细软，入口即化，肥而不腻
装盘成形（9寸砂锅）	10	盘边无油迹，盘饰卫生，形式美观

任务三 奶汤炖——醋椒鱼的处理与烹制

一、任务描述

今天山东潍坊市某职业高中来了教师参观团,中午要在我校进餐,我们负责制作部分菜肴,在中餐热菜厨房工作环境中,上杂与炒锅岗位协作完成山东风味鱼菜肴"醋椒鱼"烹制的工作任务,体验完整的上杂与炒锅工作过程。

[学习目标]

1. 知识目标

(1) 学习了解上杂的操作环境和操作流程。
(2) 了解上杂岗位设备、工具的使用及安全操作知识。
(3) 了解鲈鱼、香菜、胡椒粉等原料的使用常识。
(4) 了解"氽煮"技法。
(5) 初步了解上杂岗位与炒锅岗位分工合作流程。

2. 能力目标

(1) 较熟练进行上杂岗位的开档和收档。
(2) 掌握上杂岗位煲仔炉、蒸箱等设备的使用与保养方法。
(3) 学会"醋椒鱼"的加工处理。
(4) 学会制作一般清汤的加工方法。
(5) 学习"氽"技法的运用,初步掌握清氽菜肴烧制火候的鉴别与运用,口味的调制、装盘成形手法。

3. 情感态度价值观

能够与炒锅岗位的员工熟练沟通;工作环节衔接紧密;语言表达准确,语态轻松。

二、成品标准

鱼味鲜美汤味浓厚,色泽呈奶白色,味道酸辣咸鲜,如图 1-3-1 所示。

一款具有浓郁鲁南风味的佳肴，既是汤菜又是饭菜，清淡开胃。此菜刀工处理后，采取氽煮的方法。

图 1-3-1　醋椒鱼

三、相关知识

（一）醋椒鱼的简介及特色

醋椒鱼是一款具有浓郁鲁南风味的山东佳肴，既是汤菜又是饭菜，清淡开胃，此菜刀工处理后，采取氽煮的方法，鱼味鲜美汤味浓厚，色泽呈奶白色，味道酸辣咸鲜。

（1）醋椒鱼是一汤菜，以丰泽园饭庄做得最出名。早年间，丰泽园店备有几个大木盆，养着许多活鱼，专为烹醋椒鱼、酱汁活鱼等菜之用。

（2）制作醋椒鱼必须是活鱼，讲究现杀现做。

（3）此菜鱼肉鲜美，汤色乳白，酸辣开胃，解酒醒腻。

（二）操作要求及特点

（1）制作醋椒鱼，鳜鱼、草鱼、鲤鱼、青鱼均可，但必须是活鱼，讲究现杀现做。

（2）北京风味，鱼不过油，清鲜爽嫩，别具一格。

（三）烹制菜肴时，需要正确掌握一般规律

（1）此菜要求选料严格，一定要使用鲜鱼，重量在 800 克左右为好。

（2）在刀工上要在鱼身两侧剞刀，刀口不宜太深。

（3）掌握好烫鱼的水温和时间。

四、制作准备

（一）工艺流程

工艺流程如下。

任务："醋椒鱼"开档→选择原料→加工主配料→组配原料→烹制成菜→成品装盘→菜肴整理→收档

（二）工具准备

按照本单元要求进行上杂、打荷、炒锅开档工作；按照完成"清氽"工作任务需求准备常规工具。

1．炒锅岗位准备工具

带手布、洗涤灵、炒锅、手勺、漏勺、油鹽子、油隔、筷子、保鲜膜、保鲜盒、生料盆、品尝勺。

2．上杂岗位准备工具

设备：汤炉、底汤灶、台柜。

工具：刀具、汤桶、汤盆、纱布、剪刀。

3．打荷岗位准备工具

不锈钢刀具、砧板、消毒毛巾、筷子、餐巾纸、料盆、餐具、盆、马斗、带手布、调料罐、保鲜盒、保鲜膜、14寸鱼盘。

五、制作过程

（一）原料准备

上杂岗位与炒锅岗位配合领取并备齐"醋椒鱼"所需主料、配料和调料，如表1-3-1、表1-3-2所示。

表1-3-1 准备热菜所需主料、配料

菜肴名称	份数	准备主料		准备配料		准备料头		盛器规格
		名称	数量/克	名称	数量/克	名称	数量	
醋椒鱼	1	鲈鱼750克（或草鱼、鳜鱼）	200	香菜	15	葱	15克	14寸鱼盘
						姜	10克	
						料酒	5毫升	
						精盐	3克	
						味精	2克	
						胡椒粉	10克	
				姜片	10	熟猪油	10毫升	
						蛋清	150克	
						猪油	15克	
						生油	15毫升	
						奶汤	1000毫升	
						米醋	15毫升	

表 1-3-2 准备热菜调味（复合味型）——汤汁

调味品名	数量	风味要求
料酒	15毫升	汤味浓厚，色泽呈奶白色，味道酸辣咸鲜
精盐	1克	
味精	2克	
胡椒粉	10克	
米醋	5毫升	
奶汤	100毫升	

（二）原料加工

需要的原料：鲈鱼、葱、姜、香菜、胡椒粉、奶汤、猪大油，如图 1-3-2 所示。

图 1-3-2　配菜

（三）烹制菜肴

1．烹制菜肴的步骤

步骤如图 1-3-3 所示。

步骤一：
在锅中放入较多清水。

步骤二：
用刀在鱼尾两面划开两个十字，便于在氽烫过程中鱼不会掉入水中。

步骤三：
将鱼在开水中氽烫两遍，立即取出。

图 1-3-3　烹制菜肴

步骤四：
用刀刃朝头部方向，将鱼表面的污物刮下洗净。

步骤五：
将处理好的鱼身剞柳叶花刀，从鱼鳍顺着鱼脊骨向鱼尾处划开，在两侧成柳叶状用刀尖划开直至划到鱼的脊骨，在划鱼腹这一侧时，不要将鱼腹划破。

步骤六：
用食用油先将锅润一下后，将猪大油放入油锅中，在化油的同时放入胡椒粉，待煸出香气后，加黄酒，冲入奶汤，放入姜丝、葱丝、食用盐（2克）、鸡粉（2克）、胡椒粉（1.5克），把水烧开进行调拌。

步骤七：
等汤烧开后，将适量的米醋放入烧开的汤中进行调拌。

步骤八：
将鱼放入烧开的锅中，大火烧开，小火慢慢煮制6至7分钟即可，用手勺去掉汤中的浮沫。

步骤九：
将煮好的鱼从锅中捞出放入盘中。

步骤十：
将捞出后的鱼汤进行二次调味，再次放入适量的胡椒粉、米醋，大火煮开。

步骤十一：
将调制好的鱼汤浇在鱼身上。

步骤十二：
将处理好的香菜叶、葱丝点缀在鱼身上。

图 1-3-3　烹制菜肴（续）

技术要点：

（1）胡椒粉要炒出香味再放汤。

（2）开水烫的时间不宜过长，烫轻了鱼的黑皮刮不下来，烫重了皮易破。

（3）醋要在最后放才有香气。

（4）胡椒面适量。

（5）水煮菜应根据烹饪原料性质差异灵活掌握时间。

小贴士：

普通宴席可选用草鱼，鲤鱼土腥味较大，最好不用。使用猪油会让菜肴更香，汤汁更浓、更白。

（四）成品装盘与整理装饰

炒锅与打荷岗位协作完成成品装盘，打荷岗位操作完成整理和装饰，如图1-3-4所示。

图1-3-4 装盘与整理装饰

技术要点：

（1）选择盛装容器要适合鱼的大小。

（2）点缀少许香菜叶即可。

小贴士：

适合盛放在较深一些的盘中，因为此菜成菜后的水分较多。一般此菜不予点缀处理，撒香菜小段即可。

（五）按照岗位要求打荷、炒锅和上杂配合协作完成收档工作

收档工作如下：

依据小组分工对工作区域的设备、工具进行清洗，所有物品经整理后归位原处，码放整齐。各种用具、工具干净，无油腻、无污渍；炉灶清洁卫生，无异味；抹布应干爽、洁净，无油渍、污物，无异味。厨余垃圾经分类后送到指定垃圾站点。

收档程序：保管剩余原料，依据小组分工对剩余的主料、配料、调料进行妥善保存，容易变质的原料封保鲜膜放入0～4摄氏度冰箱保存→擦拭整理货架→清洁电器设备，及时清理灭蝇灯→清洁炉灶和工具→关闭燃气灶具→关闭燃气总开关→清洁工作台面和水池→清洁地面→关闭电源→关闭门窗

六、评价标准

工作任务评价标准如表1-3-3所示。

表1-3-3　工作任务评价标准

项目	配分	评价标准
刀工	15	直刀每隔1.5厘米宽切一刀，深至鱼骨
口味	25	酸辣适中，香鲜可口
色泽	10	汤色乳白
汁、芡、油量	20	汤浓，汁较多，油少
火候	20	鱼肉鲜嫩爽滑
装盘成形（14寸鱼盘）	10	盘边无油迹，盘饰卫生，简洁美观

单元二 涨发类菜肴的处理与烹制

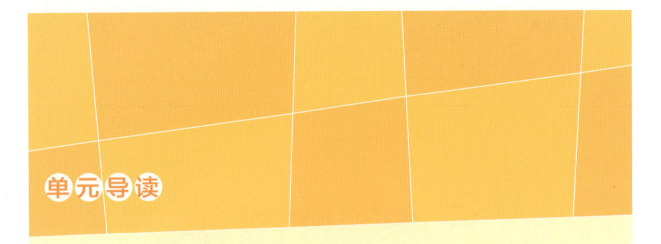

单元导读

一、任务描述

本单元主要是由五个工作任务组成,任务是以运用"焖""烧""煮""扒""焗"的技法典型菜肴为载体,通过完整的工作任务,学习在炒锅与上杂岗位上的相关知识、技能,积累工作经验,协调配合完成工作任务。系统地对学生在餐饮职业意识、职业习惯及炒锅与上杂岗位间的沟通合作能力,厨房操作安全、菜品质量和厨房卫生意识等方面提出要求。

1. 焖

是指将加工处理的原料,放入锅中,加适量的汤水和调料盖紧锅盖烧开,改用中火进行较长时间的加热,待原料酥软入味后,留少量味汁成菜的多种技法总称。

(1) 按预制加热方法分为原焖、炸焖、爆焖、煎焖、生焖、熟焖、油焖。

(2) 按调味种类分为红焖、黄焖、酱焖、原焖、油焖。

(3) 特点:质感以柔软酥嫩为主。

2. 烧

是将经初步热处理的原料加入适量的汤汁和调料,先用大火烧开,定味定色后,再改用小火缓慢加热至熟的烹调方法。根据烧制过程中汤汁的数量、烧制时的颜色和使用的调料,烧可分为红烧、白烧、干烧、葱烧、辣烧、酱烧等。

3. 煮

将主料加工后,放在锅中,加入调料,较宽的汤汁中,用大火煮沸后,再用小火煮至熟的一种烹调方法。

适用于体小、质软类的原料。所制食品口味清鲜、美味,煮的时间比炖的时间短。分为油水煮、白煮等。

4. 扒

(1) 指将加工性的原料以原形放入锅中,加入适量汤水和调料,旺火烧开汤汁,改用中小火加热,待原料熟透、入味后勾芡,用大翻勺的技巧盛入盘内,菜形不散不乱,保持原有美观形状的烹调方法。

(2) 指将原料加工成菜肴所要求形状,锅中加入适量汤水和调料,下入原料,旺火烧开汤汁，改用中小火加热，待原料熟透、入味后捞出整齐码入盘中，锅中汤汁勾芡后，淋在码好的菜肴上。根据所用调料和菜肴的颜色可分为红扒、鸡油扒、蚝油扒、五香扒、白扒。

5．焗

原是香港方言，原意特指烤，是广东独有的烹调术语，现今的焗是将加工成形状较小或整只整形的烹调原料，用过油的方式热处理后，用汤汁和调料加热成熟的一种烹调方法。焗菜几乎没有过多的汤汁，汤汁多以自来芡的形式，少而黏稠。根据调料的类别可分为蚝油焗、陈皮焗、西汁焗、香葱焗、西柠焗、盐焗等。

二、任务简介

本单元由三组主任务和自主训练任务组成，每组任务由上杂、炒锅岗位在厨房工作环境中配合共同完成。其中，自主训练任务是针对学习主任务技能的进一步强化训练，由学生自主完成。

任务一：黄焖鱼肚的处理与烹制，是以训练"焖"的技法为主的实训任务。本任务的自主训练内容为"砂锅全家福的处理与烹制"。

任务二：葱烧海参的处理与烹制，是以训练"烧"的技法为主的实训任务。本任务的自主训练内容为"臊子烧蹄筋的处理与烹制"。

任务三：鸡火煮干丝的处理与烹制，是以训练"煮"的技法为主的实训任务。本任务的自主训练内容为"浓汤什锦菇的处理与烹制"。

任务四：贝松菜胆的处理与烹制，是以训练"扒"的技法为主的实训任务。本任务的自主训练内容为"红烩鸡丝翅的处理与烹制"。

任务五：咸鱼鸡粒豆腐煲的处理与烹制，是以训练"焗"的技法为主的实训任务。本任务的自主训练内容为"咸蛋黄焗南瓜的处理与烹制"。

三、学习要求

本单元的学习任务要求要在与企业厨房生产环境一致的实训环境中完成。学生通过实际训练能够初步体验适应炒锅、上杂及打荷工作环境；能够按照上杂岗位工作流程基本完成开档和收档工作。能够按照炒锅岗位工作流程运用"焖""烧""煮""扒""焗"等技法和勺工、火候、调味、勾芡、装盘技术完成典型菜肴的制作，并在工作中培养合作意识、安全意识和卫生意识。

四、相关知识

炒锅与上杂岗位工作流程：

（1）进行炒锅、上杂岗位开餐前的准备工作（餐饮行业叫作"开档"）。

上杂岗位所需工具准备齐全。

炒锅岗位所需工具准备齐全。

原料准备与组配——上杂岗位与炒锅岗位配合领取并备齐制作菜肴所需主料、配料和调料。

(2)按照工作任务进行涨发类菜肴的处理与烹制。

(3)进行上杂、炒锅、打荷岗位开餐后的收尾工作(餐饮行业叫作"收档")。

依据小组分工对剩余的主料、配料、调料进行妥善保存；清理卫生，整理工作区域。

依据小组分工对工作区域的设备、工具进行清洗，所有物品经整理后归位原处，码放整齐。

厨余垃圾经分类后送到指定垃圾站点。

任务一 焖——黄焖鱼肚的处理与烹制

一、任务描述

[内容描述]

今天芬兰职业教育访问团的老师和学生来我校交流,中午要在我校进餐,我们负责制作部分菜肴,在中餐热菜厨房工作环境中,上杂与炒锅岗位协作完成官府风味菜肴"黄焖鱼肚"烹制的工作任务,体验完整的上杂与炒锅工作过程。

[学习目标]

（1）了解鱼肚原料的使用常识。
（2）掌握鱼肚发制的技术方法。
（3）学习"黄焖"技法。
（4）掌握运用"黄焖"的烹调技法制作菜肴。
（5）较熟练进行上杂岗位的开档和收档。
（6）掌握上杂岗位低汤灶设备的使用与保养方法。
（7）学会油发鱼肚的加工技法。
（8）学会制作一般浓汤的加工方法。
（9）学习"黄焖"技法的运用,初步掌握黄焖菜肴焖制火候的鉴别与运用、口味的调制、装盘成形手法。
（10）能够与炒锅岗位熟练沟通,工作环节衔接紧密,语言表达准确,语态轻松。

二、成品标准

色泽金黄,汤汁清亮,口味咸鲜香,口感鲜嫩细软,如图2-1-1所示。

图 2-1-1　黄焖鱼肚

三、相关知识

焖的定义、种类

1. 焖的定义

焖是指将加工处理的原料放入锅中，加适量的汤水和调料，盖紧锅盖烧开，改用中火进行较长时间的加热，待原料酥软入味后，留少量味汁成菜的多种技法总称。

2. 焖的种类

按预制加热方法分为原焖、炸焖、爆焖、煎焖、生焖、熟焖、油焖。

按调味种类分为红焖、黄焖、酱焖、油焖。

特点：质感以柔软酥嫩为主。

（1）原焖：将加工整理好的原料用沸水焯烫或煮制后放入锅中。加入调料和足量的汤水以没过原料，盖紧锅盖，在密封条件下，用中小火较长时间加热焖制，使原料酥烂入味，留少量味汁而成菜的技法。

特点：原焖收汁能够达到拢住香味、保持鲜味的最佳效果。

原焖的原料：畜禽肉类和富含油脂的鱼类，少用蔬菜。

代表菜：绍酒焖肉（沪菜）。

（2）油焖：将加工好的原料，经过油炸，排出原料中的适量水分，使之受到油脂的充分浸润，然后放入锅中，加调味品和适量鲜汤，盖上盖，先用旺火烧开，再改用中小火焖，边焖边加一些油，直到原料酥烂而成菜的技法。

工艺流程：选料→切配→过油→入锅加汤调味→加油焖制→收汁→装盘。

油焖的原料：蔬菜、海鲜、茄子、尖椒等。

代表菜：油焖大虾、油焖尖椒。

（3）红焖：将加工好的原料经焯水或过油后，放入锅中加调味品，主要以红色调味品为主（酱油、糖色、老抽、甜面酱、大红色素等），盖上盖，旺火烧沸转中火焖，直至原料酥烂成菜。

特点：色泽红润，酥烂软嫩，香味浓醇。

原料：鸡、鸭、猪、羊、狗、牛等畜禽野味肉类。

代表菜：红焖鸡块、红焖肉。

（4）黄焖：同红焖相似，只是在颜色上比红焖浅一些，呈金黄色。

代表菜：黄焖鸡块。

（5）酱焖：与油焖、红焖、黄焖方法相同，只是在放主配料前，将各种酱（豆瓣酱、大豆酱、金黄酱等）进行炒酥炒香后再焖至酥烂的技法。

代表菜：酱焖鲤鱼。

3. 黄焖鱼肚的操作要求

（1）选用肉质较厚、经过油发的鱼肚进行烹制。

（2）黄焖菜肴原料通常加工成片、块、条等较厚较粗的形状。

（3）一般需选用浓汤或奶汤进行焖制。

（4）菜肴口味应以咸鲜为主，突出原料本味。

四、制作准备

（一）工艺流程

工艺流程如下。

> 任务："黄焖鱼肚"开档→选择原料→加工主配料→组配原料→烹制成菜→成品装盘→菜肴整理→收档

（二）工具准备

按照本单元要求进行上杂、打荷、炒锅开档工作；按照完成"黄焖鱼肚"工作任务需求准备常规工具。

1. 炒锅岗位准备工具

带手布、洗涤灵、炒锅、量杯、手勺、漏勺、油盐子、油隔、筷子、保鲜膜、保鲜盒、生料盆、品尝勺。

2. 上杂岗位准备工具

设备：汤桶、底汤灶、台柜。

工具：刀具、汤桶、汤盆。

3. 打荷岗位准备工具

不锈钢刀具、砧板、9寸窝盘、消毒毛巾、筷子、餐巾纸、食品雕刻刀、剪刀、料盆、餐具、盆、马斗、带手布、调料罐、保鲜盒、保鲜膜。

五、制作过程

（一）原料准备

上杂岗位与炒锅岗位配合领取并备齐"黄焖鱼肚"所需主料、配料和调料，如表 2-1-1、表 2-1-2 所示。

表 2-1-1 准备热菜所需主料、配料

菜肴名称	份数	准备主料		准备配料		准备料头		盛器规格
		名称	数量/克	名称	数量/克	名称	数量	
黄焖鱼肚	1	油发鱼肚	300	熟蟹黄	20	姜	10 克	9寸窝盘
						料酒	5 毫升	
						精盐	2 克	
						味精	1 克	
				西兰花	200	葱油	20 毫升	
						浓汤	200 毫升	
						水淀粉	10 克	

表 2-1-2 准备热菜调味（复合味型）——焖烧汁

调味品名	数量	风味要求
绍兴加饭酒	15 毫升	
精盐	1 克	
味精	2 克	口味咸鲜香
白糖	5 克	
葱油	25 毫升	

（二）菜肴加工组配

鱼肚发制步骤如图 2-1-2 所示。

步骤一：
锅中放入500毫升植物油。

步骤二：
下入干鱼肚，90摄氏度温油浸泡约30分钟。

步骤三：
将泡软的鱼肚取出，切成需要的小块。

步骤四：
油温升到180摄氏度，下入切好的鱼肚。

步骤五：
用漏勺按压鱼肚，使其均匀受热，并不断翻动。

步骤六：
将鱼肚炸至充分膨胀、色泽淡黄，用手一掰即断，断面如海绵状时，就可捞出控油待用。

步骤七：
将锅中放入开水，加入适量食用碱，充分搅拌融合后，放入炸好的鱼肚。

步骤八：
用盘子压严，使鱼肚完全浸于水中约30分钟。

步骤九：
将鱼肚捞出置于温水中，反复漂洗数次，直至将碱和油脂充分洗净后，换清水，放入0～4摄氏度冰箱保鲜，冷藏备用。

图2-1-2　配菜

小贴士：

油温要根据鱼肚的薄厚大小灵活控制，才能保证出品质量，炸时不要炸焦，要炸得外焦里不透。

（三）烹制菜肴

打荷、上杂岗位配合完成配菜组合，如图 2-1-3 所示。

步骤一：
将鱼肚从冰箱中取出，切成长 4 厘米、宽 3 厘米的肚件，再用开水焯一下，倒出控水。

步骤二：
加入浓汤，放入适量的盐、鸡粉、胡椒粉、料酒，放入焯好水的鱼肚。

步骤三：
烧开后盛出煨制。

步骤四：
将锅烧热，加入色拉油润锅后，再加入 20 毫升的底油，放入姜片和葱段进行煸炒直至葱表皮金黄。

步骤五：
放入蟹黄、鱼肚，加入 200 毫升的浓汤，盖上盖，用小火焖制 1 分钟左右，焖制的过程中，可以晃锅，以防菜品粘锅。

步骤六：
将菜中的葱和姜片挑出。

步骤七：
大火勾芡，边勾芡边晃动锅。

步骤八：
淋入适量的葱油，即可出锅，盛入出菜盘中。

步骤九：
炒锅重新放水，水开后，加入适量的色拉油、盐、鸡粉、糖，放入西兰花焯熟后控水待用。

图 2-1-3　烹制菜肴

步骤十：
将西兰花围在鱼肚的周围，黄焖鱼肚制作完成。

图 2-1-3　烹制菜肴（续）

小贴士：

用手勺把鱼肚中的水分挤干。

（四）成品装盘与整理装饰

炸锅与打荷岗位协作完成成品装盘，打荷岗位操作完成整理和装饰，如图 2-1-4 所示。

图 2-1-4　装盘与整理装饰

技术要点：

保证卫生洁净，达到食用标准。

（五）按照岗位要求打荷、炒锅和上杂配合协作完成收档工作

收档工作如下：

依据小组分工对工作区域的设备、工具进行清洗，所有物品经整理后归位原处，码放整齐。各种用具、工具干净，无油腻、无污渍；炉灶清洁卫生，无异味；抹布应干爽、洁净，无油渍、污物，无异味。厨余垃圾经分类后送到指定垃圾站点。

> 收档程序：保管剩余原料，依据小组分工对剩余的主料、配料、调料进行妥善保存，容易变质的原料封保鲜膜放入 0～4 摄氏度冰箱保存→擦拭整理货架→清洁电器设备，及时清理灭蝇灯→清洁炉灶和工具→关闭燃气灶具→关闭燃气总开关→清洁工作台面和水池→清洁地面→关闭电源→关闭门窗

六、评价标准

工作任务评价标准如表 2-1-3 所示。

表 2-1-3　工作任务评价标准

项目	配分	评价标准
刀工	15	3.5 厘米长、2 厘米宽
口味	25	咸鲜适口
色泽	10	色泽金黄
汁、芡、油量	20	成品有较多汁芡，并裹匀鱼肚不汪油
火候	20	口感软糯，入味
装盘成形（9寸窝盘）	10	盘边无油迹，盘饰卫生，简洁美观

任务二 烧——葱烧海参的处理与烹制

一、任务描述

[内容描述]

今天我校邀请山东省某职教参观团学习指导，中午要在我校进餐，我们负责制作部分菜肴，在中餐热菜厨房工作环境中，上杂与炒锅岗位协作完成山东名菜"葱烧海参"烹制的工作任务，体验完整的上杂与炒锅工作过程。

[学习目标]

（1）了解海参、葱段等原料的使用常识。
（2）掌握上杂岗位煲仔炉、蒸箱等设备的使用与保养方法。
（3）学会"葱烧海参"的涨发方法及加工处理。
（4）学会炼制葱油和熬糖色。
（5）了解运用"葱烧"技法，初步掌握葱烧菜肴烧制火候的鉴别与运用、口味的调制、装盘成形手法。
（6）能够与炒锅岗位熟练沟通，工作环节衔接紧密，语言表达准确，语态轻松。

二、成品标准

色泽褐红，芡汁滋润明亮较紧，口味咸鲜回甜，葱香味厚，口感软嫩，周围有少量葱油渗出，如图 2-2-1 所示。

图 2-2-1 葱烧海参

三、相关知识

（一）葱烧常识

1．葱烧

葱烧是将经过初步热处理的原料，用大葱作配料兼调料，加入适量汤汁和调料，先用大火烧开，定位定色后，再改用中小火缓慢加热至熟的烹调方法。

2．操作要求及特点

（1）主要原料一般都是提前处理成熟，再改刀成形。

（2）成品质地软烂，汤汁较少，味型多样。

3．葱烧常用调料

大葱、料酒、精盐、味精、酱油、糖色、姜、蒜、香菜、淀粉、鸡汤等。

4．典型菜例

葱烧蹄筋、葱烧木耳、葱烧豆腐、葱烧鲫鱼、葱烧排骨等。

（二）烹饪常识

（1）海参属名贵海味，被列为中八珍之一。可分为刺参、乌参、光参和梅花参多种，山东沿海所产的刺参为海参上品。海参历来被认为是一种名贵的补肾益精、壮阳疗痿、通肠润肺的食疗佳品。

（2）海参之所以名贵，还另有一个原因，就是海参生于浅海礁石的沙泥海底，喜在海草繁茂的地方生长，在采捞时需人工潜水逐个捕捞，费力而得之少，故物以稀为贵。

（3）葱烧海参是以刺参为主料，配以俗称葱王的章丘大葱。用油炸成金黄色，发出葱油的芳香气味，更加诱人欲食，此菜是山东广为流传的风味名菜。

（4）色泽红褐光亮，咸鲜微甜，海参质地柔软滑润，葱香四溢，经久不散。

（三）烹制菜肴时，需要正确掌握规律

（1）水发海参的选择尤为重要。

（2）掌握制作葱油的几个环节。

（3）糖色炒制也不能忽视。

（4）制作菜肴注意火候的运用。

（四）注意事项

（1）海参本身有腥味，初步处理时用凉水慢慢加热，另外焯水时加一些绍酒、葱、

姜，以便去掉腥味。

（2）炸葱时要掌握好油的温度及炸制的时间，一般以金黄色为好，葱炸老了会有糊葱味，炸轻时香味出不来。

（3）糖色与酱油的使用要合理，一般为1∶2。

（五）装盘

利用鲜花、法香、炸葱段进行菜肴装饰，将菜肴摆成放射状，美观大方。

四、制作准备

（一）工艺流程

工艺流程如下。

> 任务："葱烧海参"开档→涨发处理→加工主配料→组配原料→烹制成菜→成品装盘→菜肴整理→收档

（二）工具准备

按照本单元要求进行上杂、打荷、炒锅开档工作，按照完成"葱烧海参"工作任务需求准备常规工具。

1. 炒锅岗位准备工具

带手布、洗涤灵、炒锅、手勺、漏勺、油盐子、油隔、筷子、保鲜膜、保鲜盒、生料盆、品尝勺。

2. 上杂岗位准备工具

不锈钢刀具、砧板、9寸圆盘、消毒毛巾、筷子、餐巾纸、食品雕刻刀、剪刀、料盆、餐具、盆、马斗、带手布、调料罐、保鲜盒、保鲜膜。

五、制作过程

（一）原料准备

上杂岗位与炒锅岗位配合领取并备齐"葱烧海参"所需主料、配料和调料，如表2-2-1、表2-2-2所示。

表 2-2-1　准备热菜所需主料、配料

菜肴名称	份数	准备主料		准备配料		准备料头		盛器规格
		名称	数量/克	名称	数量/克	名称	数量/克	
葱烧海参	1	刺参（或梅花参、黄玉参）	300	章丘大葱段	200	湿淀粉	25	9寸圆盘
						香菜	40	
						葱	100	
						姜	50	
						蒜	50	

表 2-2-2　准备热菜调味（复合味型）——葱烧汁

调味品名	数量	风味要求
绍兴加饭酒	15毫升	
精盐	1克	
味精	2克	
酱油	10克	口味咸鲜回甜，葱香味醇厚
白糖	5克	
糖色	5克	
葱油	25毫升	

（二）原料处理

上杂岗位完成海参的涨发，海参涨发操作流程如图 2-2-2 所示。

步骤一：
将海参洗净，放入洁净无油的砂锅中，加入纯净的清水，上火将水烧开，盖上锅盖离火，焖10～12小时。

步骤二：
用小刀将海参沿腹部剖开。

步骤三：
取出海参内脏。

图 2-2-2　海参涨发操作流程

步骤四：
用清水将海参内部冲洗干净，去除杂质。

步骤五：
再重复步骤一的操作过程。

步骤六：
将海参加冰块封上保鲜膜，放入0～4摄氏度冰箱冷藏室中，低温发制8小时即可。

图 2-2-2　海参涨发操作流程（续）

技术要点：

（1）水的选择：由于干海参是低盐产品，从抑菌及提高发制率的角度出发，建议全程使用纯净水发制。

（2）冷却方式：海参煮好后，应捞出自然冷却，或直接放入纯净水中进行水发。

（3）必须使用洁净、锅内无油的容器。

（4）比例搭配。各环节应注意水量与参量的合理搭配，通常浸泡与泡发步骤应保持在3∶1以上，水煮步骤应保持在4∶1以上。

小贴士：

已经涨发好的海参用筷子夹起后，两头发颤，且略微下垂，如图2-2-3所示。

图 2-2-3　涨发好的海参

（三）菜肴加工组配

1. 原料

大葱白段（长2寸）200克、姜片50克、香菜40克、蒜50克，如图2-2-4所示。

图 2-2-4　配菜

2．葱油制作步骤

葱油的制作步骤如图 2-2-5 所示。

步骤一：
点火，在锅中放入食用油（约 1 勺半）。

步骤二：
油烧至五成热的时候将葱、姜、蒜和香菜放入油锅中，用中小火慢慢炸，将葱、姜、蒜及香菜的香气炸入油中。

步骤三：
待葱、姜、蒜变成深棕色时，将炸制好的葱油控出，并用手勺将葱、姜、蒜和香菜中蓄的油压出来。

图 2-2-5　葱油的制作

技术要点：

（1）不能用急火炸葱姜。

（2）葱姜泛黄时放入蒜片。

（3）最后下入香菜。

3．炒糖色步骤

炒糖色步骤如图 2-2-6 所示。

步骤一：	步骤二：	步骤三：
锅中加入少量底油，放入白糖进行炒制。	加适量凉水，不断搅拌，直至炒成枣红色。	再冲水，用大火烧一会儿，蒸发水汽即可。

图 2-2-6　炒糖色

技术要点：

（1）最好的情况是热锅凉油下糖。

（2）糖的种类：绵糖、碎冰糖、砂糖。

（3）糖不能太少，不然会炒不起沫来，糖会沉在锅底不起。

（四）烹制菜肴

1. 打荷、上杂岗位配合完成配菜组合

原料：发好的海参和葱段，如图 2-2-7、图 2-2-8 所示。

图 2-2-7　发好的海参　　　　　　图 2-2-8　葱段

2. 烹制过程

操作步骤如图 2-2-9 所示。

步骤一：
烧热水（水中放入适量的料酒、盐、胡椒粉），将海参放入开水中进行煮制，目的是去除海参的腥味。

步骤二：
将海参从开水中控出。

步骤三：
锅中盛入高汤，加入盐、白糖、酱油、蚝油、鸡粉、胡椒粉、料酒、鲜味汁，将焯好的海参放入，大火烧开，转小火煨制入味。

步骤四：
锅中放油，油温达到五成热时，放入大葱，炸成颜色均匀的金黄色即可。

步骤五：
炸好的大葱盛出，葱油盛出备用。

步骤六：
将锅烧热，放入葱油、海参（不要放汤）、糖色，大火煸炒，让糖色均匀地挂在海参表面，这时加入调好的海参汁，继续烧制。

步骤七：
勾芡后开大火，同时放入炸好的葱段，淋上葱油。

步骤八：
将海参盛出装盘。

步骤九：
将海参中多余的汁继续烧开，同时整理盘中海参，让海参刺朝上，将烧好的汁均匀地淋在海参上。

图 2-2-9　烹制过程

步骤十：将油菜心放入开水（加入适量的色拉油、盐）中烫熟并控水。

步骤十一：将烫好的油菜心围在葱烧海参的周围即可。

图 2-2-9　烹制过程（续）

技术要点：

（1）炒葱很关键，用油充分炒出香味，不能炒煳。

（2）烧制时可用手勺轻推，晃勺为主。

（3）芡汁要薄而紧。

（4）糖色火大有苦味，火小颜色差。

（5）汤汁适量，以海参三分之二为标准，如果汤汁太多，烧制时间太长，香味尽失。

（6）口味应反复琢磨练习，才能达到要求。

（7）口味颜色一次调好，不可中途加汤。

（五）成品装盘与整理装饰

炒锅与打荷岗位协作完成成品装盘，打荷岗位操作完成整理和装饰，如图 2-2-10 所示。

图 2-2-10　装盘与整理装饰

技术要点：

保证卫生洁净，达到食用标准。

（六）按照岗位要求打荷、炒锅和上杂配合协作完成收档工作

收档工作如下：

依据小组分工对工作区域的设备、工具进行清洗，所有物品经整理后归位原处，码放整齐。各种用具、工具干净，无油腻、无污渍；炉灶清洁卫生，无异味；抹布应干爽、洁净，无油渍、污物，无异味。厨余垃圾经分类后送到指定垃圾站点。

> 收档程序：保管剩余原料，依据小组分工对剩余的主料、配料、调料进行妥善保存，容易变质的原料封保鲜膜放入0～4摄氏度冰箱保存→擦拭整理货架→清洁电器设备，及时清理灭蝇灯→清洁炉灶和工具→关闭燃气灶具→关闭燃气总开关→清洁工作台面和水池→清洁地面→关闭电源→关闭门窗

六、评价标准

工作任务评价标准如表2-2-3所示。

表2-2-3　工作任务评价标准

项目	配分	评价标准
涨发标准评价	10	涨发好的海参，海参用筷子夹起后两头发颤，且略微下垂
刀工	10	选择形体相似、大小相同的海参，葱段粗细均匀，长为6厘米
口味	20	口味咸鲜回甜、葱香味厚
色泽	10	色泽褐红
汁、芡、油量	20	芡汁滋润明亮较紧、周围有少量葱油渗出
火候	20	口感软嫩
装盘成形（30厘米月光圆盘）	10	盘边无油迹，盘饰卫生，简洁美观

任务三 煮——鸡火煮干丝的处理与烹制

🧑‍🍳 一、任务描述

[内容描述]

今天英国首相访问中国,随行的英国教育大臣来我学校参观交流,中午要在我校与师生共进午餐,我们负责制作部分菜肴。在中餐热菜厨房工作环境中,上杂与炒锅岗位协作完成淮扬风味菜肴"鸡火煮干丝"烹制的工作任务。体验完整的上杂与炒锅工作过程。

[学习目标]

(1)了解豆腐干、鸡肉、火腿等原料的使用知识。

(2)学会"鸡火煮干丝"和豆腐干的加工处理。

(3)能够运用"水煮"技法,完成清荤菜肴烧制火候的鉴别与口味的调制、装盘成型手法。

(4)掌握上杂岗位煲仔炉、蒸箱等设备的使用与保养方法。

(5)提高对烹饪职业和烹饪文化的认同感,培养中餐烹饪的职业意识。培养良好的职业习惯,强化安全意识和卫生意识。

🧑‍🍳 二、成品标准

色泽鲜亮,汤汁浓香;干丝洁白,口味咸鲜;口感绵软,汤汁较多,如图 2-3-1 所示。

图 2-3-1 鸡火煮干丝

三、相关知识

（一）煮的定义、种类

1．煮的定义

煮是指将处理好的原料放入足量汤水，用不同的加热时间进行加热，待原料成熟时，即可出锅的技法。

以水为介质的导热技法中煮法是用途最广泛、功能最齐全的技法。其中热极煮法是将初步熟处理的半成品咸腌渍上浆的生料放入锅中，加入多量的汤汁或清水，先用旺火烧开，再改用中等火力加热，调味成菜，原料为畜类、鱼类、豆制品、蔬菜等。煮的种类有水煮、油煮、奶油煮、红油煮、汤煮、白煮、糖煮等。

2．煮的种类

（1）油水煮：

① 定义：原料经多种方式的初步熟处理，包括炒、煎、炸、滑油、焯烫等预制成为半成品，放入锅内加适量汤汁和调味料，用旺火烧开后，改用中火加热成菜的技法。

② 工艺流程：选料→切配→焯烫等预热处理→入锅加汤调味→煮制→装盘。

热菜煮法以最大即席地抑制原料鲜味流失为目的。所以加热时间不能太长，防止原料过度软散失味。

③ 特点：菜肴质感大多以鲜嫩为主，也有软嫩和酥嫩，都带有一定汤液，多数不勾芡，少数品种勾芡稀薄，以芡增加汤汁黏性，与烧菜比较，汤汁稍宽，属于半汤菜，口味以鲜咸、清香为主，有的滋味浓厚。

④ 技术提示：油水煮法所用的一般为纤维短、质细嫩、异味小的鲜活原料。

油水煮所用原料，都必须加工切配为符合煮制要求的规格形态，如：丝、片、条、小块、丁等。菜肴均带有较多的汤汁，是一种半汤菜。

油水煮法的制作也很精细。

⑤ 代表菜：大煮干丝、水煮牛肉。

（2）白煮：

① 定义：将加工整理的生料放入清水中，烧开后改用中小火长时间加热成熟，冷却切配装盘，配调味料（拌食或蘸食）成菜的冷菜技法。

② 工艺流程：选料→加工整理→入锅煮制→切配装盘→佐以调料。白煮制作冷菜技法，特点：肥而不腻，瘦而不柴，清香酥嫩，蘸佐料食用味美异常。

③ 技术要求：

a．白煮的选料严。

b．白煮的原料加工精细。

c. 白煮的水质要净。

d. 白煮的加热火候适当，热菜是旺火或中上火，加热时间短，冷菜中小火或微火，加热时间较长。

e. 白煮的改刀技巧要精。

f. 白煮的调料特别讲究，常用的有上等酱油、蒜泥、腌韭菜花、豆腐乳汁、辣椒油等。

④ 代表菜：白肉片。

（二）操作要求及特点

（1）选择新鲜无异味、质地细嫩无筋的动物性原料制成小型片状或茸泥，加工成丸、挤成丝状。

（2）原料需先码味，再搅拌均匀。

（3）用中小火在短时间内加热成熟。

（4）干丝要求刀工精细均匀，出水在去味的基础上保持完整。

（5）配料应分别飞水，并注意火候的运用。

（6）煮制时应使用竹筷拨散，手勺易破坏主料。

（7）口味鲜美，不可过重，成菜洁净，器皿美观。

小贴士：

不是说片切好丝就可以用了，还要经过反复地汆烫，这样才能除去干丝中的豆腥味，这步也很关键。切好的干丝粗细均匀，放入沸水中浸烫，用筷子轻轻翻动拨散，之后沥去水，再用沸水浸烫2～3次，每次约3分钟，捞出，最后一遍用清水漂洗后再沥干水分，这样即可去其黄浆的苦味，干丝也因此变得绵软爽口。

（三）烹制菜肴时，需要正确掌握一般规律

（1）选用黄豆制作的白色方豆腐干，切成细丝后，放入沸水浸烫，并用竹筷轻轻拨散，以防粘在一起，沥去水后，再用沸水浸烫两次，每次约2分钟，捞出后，挤去黄泔水的苦味，放入碗中待用。不要为了省事而减少步骤。注意豆腐干内部不能起小孔。

（2）此菜讲究刀工，需有娴熟扎实的基本功。将豆腐干片成0.05厘米厚的薄片后，再切成火柴梗粗细的丝。

四、制作准备

（一）工艺流程

工艺流程如下。

> 任务:"鸡火煮干丝"开档→选择原料→加工主配料→组配原料→烹制成菜→成品装盘→菜肴整理→收档

(二)工具准备

按照本单元要求进行上杂、打荷、炒锅开档工作;按照完成"鸡火煮干丝"工作任务需求准备常规工具。

1. 炒锅岗位准备工具

带手布、洗涤灵、炒锅、量杯、手勺、漏勺、油盐子、油隔、筷子、保鲜膜、保鲜盒、生料盆、品尝勺。

2. 上杂与打荷岗位准备工具

不锈钢刀具、砧板、9寸窝盘、消毒毛巾、筷子、餐巾纸、料盆、餐具、盆、马斗、带手布、调料罐、保鲜盒、保鲜膜。

五、制作过程

(一)原料准备

上杂岗位与炒锅岗位配合领取并备齐"鸡火煮干丝"所需主料、配料和调料,如表2-3-1、表2-3-2所示。

表 2-3-1　准备热菜所需主料、配料

菜肴名称	份数	准备主料		准备配料		准备料头		盛器规格
		名称	数量/克	名称	数量/克	名称	数量	
鸡火煮干丝	1	淮扬干丝豆腐干	250	金华火腿	20	奶汤	1000毫升	9寸窝盘
						料酒	10毫升	
				鲜虾仁	50	精盐	10克	
				鸡脯肉	50	味精	2克	
				虾籽	10	生油	25克	
				豌豆苗	15	胡椒粉	5克	
						猪油	20克	
						湿淀粉	25克	

表 2-3-2　准备热菜调味（复合味型）——鲜味汤

调味品名	数量	风味要求
料酒	10 毫升	口味咸鲜，汤味浓香
精盐	1 克	
味精	2 克	
胡椒粉	5 克	
奶汤	1000 毫升	

（二）原料处理

虾籽的涨发操作步骤如图 2-3-2 所示。

步骤一：
将干虾籽用清水洗净。

步骤二：
洗净的虾籽中放入葱、姜。

步骤三：
在汤盆内加入清汤。

步骤四：
加入料酒、胡椒粉、精盐。

步骤五：
封保鲜膜，入蒸锅蒸制 30 分钟。

步骤六：
取出蒸好的虾籽，挑出葱姜即可。

图 2-3-2　虾籽的涨发

技术要点：

（1）将虾籽中的泥沙漂洗干净。

（2）加入调料入蒸锅蒸制 30 分钟。

小贴士：

虾籽又叫虾蛋，由虾籽的卵加工而成。凡产虾的地区都能加工虾籽，其中以辽宁的营口、盘山，江苏的东台、大平、射阳、高邮、洪泽等地区生产较多。每年夏秋季节为虾籽加工时期。虾籽及其制品均可做调味品，味道鲜美。

（三）菜肴加工组配

操作步骤如图 2-3-3 所示。

步骤一：
把豆腐干片成 5 厘米长、0.1 厘米厚的薄片，再切成细丝。

步骤二：
将鸡胸肉切成细丝。

步骤三：
清水浸泡 1 小时以上，再焯水，用凉水浸凉（如此反复两次，去除豆腥味）待用。焯水时可以加适量盐，让干丝更加紧实；焯水后迅速用凉水浸凉，防止干丝凝结成团，用筷子进行打散。

步骤四：
在虾球里加入适量的盐、胡椒粉拌匀，再加入少量的生粉，进行上浆。

步骤五：
将虾球放入热水中，烫熟待用。

步骤六：
鸡丝放入热水中，颜色发白后盛出备用。

图 2-3-3　配菜

步骤七：
将加工好的豆腐干丝、鸡丝、火腿丝、虾仁分别放入盘中待用，有序放置，便于烹调时用。

图 2-3-3　配菜（续）

（四）烹制菜肴

炒锅岗位完成烹制成菜的操作步骤如图 2-3-4 所示。

步骤一：
锅中先放入适量的色拉油润锅后倒掉，再加入适量猪油，融化后，加入料酒、鸡汤、奶汤、鸡清汤、鸡油。

步骤二：
放入发制好的虾籽、金华火腿丝、精盐、鸡粉、胡椒粉，将汤汁搅拌均匀，味道充分融合。

步骤三：
将干丝水沥净，倒入调制好的汤中，用筷子打散，烧开后，放入烫熟的鸡丝、虾球，大火煮开。

步骤四：
煮开后把火关小，撒入豆苗。

步骤五：
出锅装盘。

图 2-3-4　烹制菜肴

技术要点：

（1）干丝要求刀工精细均匀，在去豆腥味的过程中保持干丝的完整。

（2）配料应分别焯水，并注意火候的运用。

（3）煮制时应使用竹筷拨散，手勺易破坏主料。

（4）口味鲜美，不可过重。成菜洁净，器皿美观。

小贴士：

选用黄豆制作的白色方豆腐干，切成细丝后，放入沸水浸烫，并用竹筷轻轻拨散，以防粘在一起，沥去水后，再用沸水浸烫两次，每次约2分钟，捞出后，放入碗中待用。不要为了省事而减少步骤。

（五）成品装盘与整理装饰

按照岗位要求打荷、炒锅和上杂配合协作完成收档工作，炒锅与打荷岗位协作完成成品装盘。

打荷岗位操作完成整理和装饰，再将火腿丝、虾仁撒到干丝上，将烫过的菜心点缀周围即可，如图2-3-5所示。

图 2-3-5　装盘与整理装饰

技术要点：

（1）将配料均匀地撒在干丝上，菜心码放整齐对称。

（2）点到为止，不宜多放，注意色彩搭配。

（3）汤汁盛装不宜过满。

（六）按照岗位要求打荷、炒锅和上杂配合协作完成收档工作

收档工作如下：

依据小组分工对工作区域的设备、工具进行清洗，所有物品经整理后归位原处，码放整齐。各种用具、工具干净，无油腻、无污渍；炉灶清洁卫生，无异味；抹布应干爽、洁净，无油渍、污物，无异味。厨余垃圾经分类后送到指定垃圾站点。

> 收档程序：保管剩余原料，依据小组分工对剩余的主料、配料、调料进行妥善保存，容易变质的原料封保鲜膜放入0～4摄氏度冰箱保存→擦拭整理货架→清洁电器设备，及时清理灭蝇灯→清洁炉灶和工具→关闭燃气灶具→关闭燃气总开关→清洁工作台面和水池→清洁地面→关闭电源→关闭门窗

六、评价标准

工作任务评价标准如表 2-3-3 所示。

表 2-3-3　工作任务评价标准

项目	配分	评价标准
刀工	15	豆腐干片成 5 厘米长、0.1 厘米厚的薄片，再切成细丝
口味	25	口味鲜美，咸鲜适中
色泽	10	色泽鲜亮
汁、芡、油量	20	汤汁浓香，与主料比例恰当
火候	20	干丝味鲜绵软，嚼时有韧性
装盘成型（9 寸汤盘）	10	盘边无油迹，盘饰卫生，简洁美观

任务四　扒——贝松菜胆的处理与烹制

一、任务描述

[内容描述]

今天云南丽江某职高教师访问团来学校进行交流学习，中午要在我校进餐，我们负责制作部分菜肴。在中餐热菜厨房工作环境中，炒锅、上杂、打荷人员相互配合，运用"扒"的烹制技法，完成四川名菜"贝松菜胆"的烹制。

[学习目标]

（1）掌握瑶柱的原料知识及使用常识。
（2）掌握瑶柱的涨发过程和熟处理的技术要点等。
（3）掌握"扒"制菜肴的烹调技法。
（4）能够合理对处理后的"瑶柱"等剩余调料进行保管。
（5）逐步养成相互配合的团队合作意识。

二、成品标准

此菜芡汁金黄，菜心鲜嫩清淡，口味咸鲜，瑶柱味浓郁，营养丰富均衡，如图2-4-1所示。

图2-4-1　贝松菜胆

三、相关知识

烹调技法——"扒"

1．定义

扒——指将经过初步熟处理的原料加工，切配成整齐的形状，面先朝下码在盘里，轻轻推入锅中，加入适量汤水和调料，旺火烧开汤汁，改用中小火加热，待原料熟透、入味后勾芡，用大翻勺的技巧盛入盘内，菜形不散不乱，保持原有美观形状的烹调方法，或入味后捞出整齐码入盘中，锅中汤汁勾芡后，淋在码好的菜肴上的烹调方法。

2．火候的要求

扒制菜肴对火候要求严格：旺火加热烧开汤汁，改用中火煨透，使原料入味，最后旺火勾芡，菜肴成熟。

3．芡汁的要求

对于扒制菜肴的芡汁要求非常严格，勾芡属于溜芡，成品盛入盘内时会有一部分的芡汁滑入盘中，另一部分芡汁融合在原料里，光洁明亮。芡汁过浓会造成扒制菜肴的制作过程难度加大，并影响菜肴美观；芡汁过稀对于菜肴的调味、色泽有一定的影响。

通常扒菜的勾芡手法有两种：

（1）勺中淋芡，边旋勺边淋入勺中使芡汁均匀受热。

（2）勾芡浇淋芡，就是将做菜的原汤勾芡或单独调汤后再勾芡，浇淋在菜肴上面。这种方法可以更好地掌握好芡的多少、颜色和厚薄等。

4．操作要求及特点

（1）菜肴形状美观，食材味道醇厚，汤汁浓而不腻，适合大型宴会和预定菜式。

（2）扒菜烹制时：不能用油过多，要做到"用油不见油"；讲究汤汁（一般用高汤，没有高汤用原汤）。

（3）原料加工形状：形体较厚的条、片状或直接使用整体形状的原料。

（4）原料必须经过热处理，火候要得当，可采用焯水、过油、蒸制等烹调手法。

（5）出菜前，汤汁的浓稠度、口味应及时调整，芡汁为溜芡，色泽明亮。

四、制作准备

（一）工艺流程

工艺流程如下。

> 任务："贝松菜胆"开档→涨发处理→加工主配料→组配原料→烹制成菜→成品装盘→菜肴整理→收档

（二）工具准备

按照本单元要求进行上杂、打荷、炒锅开档工作；按照完成"贝松菜胆"工作任务需求准备常规工具。

1．炒锅岗位准备工具

带手布、洗涤灵、炒锅、手勺、漏勺、油盐子、油隔、筷子、保鲜膜、保鲜盒、生料盆、品尝勺。

2．上杂岗位准备工具

带手布、洗涤灵、筷子、竹箅子、手刀、保鲜膜、保鲜盒、马斗、品尝勺。

3．打荷岗位准备工具

不锈钢刀具、砧板、9寸圆形汤盘、消毒毛巾、筷子、餐巾纸、手刀、剪刀、料盆、餐具、盆、马斗、带手布、调料罐、保鲜盒、保鲜膜。

五、制作过程

（一）原料准备

打荷岗位、上杂岗位与炒锅岗位配合领取并备齐"贝松菜胆"所需主料、配料和调料，如表2-4-1、表2-4-2所示。

表2-4-1　准备热菜所需主料、配料

菜肴名称	份数	准备主料		准备配料		准备料头		盛器规格
		名称	数量/克	名称	数量/克	名称	数量/克	
贝松菜胆	1	娃娃菜	400	干贝松	50	葱	20	9寸圆形汤盘
				胡萝卜	100	姜	20	

表2-4-2　准备热菜调味（单一味型）——咸鲜味

调味品名	数量	口味要求
精盐	5克	
鸡粉	3克	
生粉	25克	
料酒	15毫升	口味咸鲜，干贝味浓郁
胡椒粉	2克	
色拉油	500毫升	
鸡汤	500毫升	

（二）干货原料涨发

上杂岗位完成干货原料涨发操作步骤如图 2-4-2 所示。

步骤一：
将干贝放入马斗，用清水洗净。

步骤二：
去掉干贝侧面的一条呈月牙形的肌肉。

步骤三：
将初加工好的干贝放入马斗，加入葱、姜。

步骤四：
加入鸡汤 100 毫升、料酒 5 毫升、胡椒粉 1 克。

步骤五：
用保鲜膜封好，入蒸箱大火蒸 30 分钟。

步骤六：
将蒸好干贝取出，用手轻轻碾成丝状。

图 2-4-2 干货涨发

技术要点：

（1）干贝的发制时间可根据大小调整，个头大的发制时间可以延长，个头小的发制时间可以缩短。

（2）干贝发制程度以用手轻轻一碾呈丝状为宜。

（3）干贝加工好后，要泡在原汤中保存，保持贝松特有的香味，是制作菜肴时的关键。

小贴士：

干贝是贝壳类的闭合肌晾晒干制而成，由一大一小两块肌肉组成，大块肌肉呈圆柱形可食用，小块肌肉呈月牙形，贴在大块肌肉侧面，肉质坚硬、含砂，不宜食用。

(三)菜肴加工组配

娃娃菜洗净,去老皮,纵向改刀,如图2-4-3所示。

小贴士:

娃娃菜加工时,要保持大小一致,使其在烹调时,成熟时间保持一致。

图2-4-3 配菜

(四)烹制菜肴

炒锅岗位完成烹制成菜的操作步骤如图2-4-4所示。

步骤一:
将锅中倒入食用油进行加温。

步骤二:
待油温烧至五六成热的时候将娃娃菜放入锅中进行过油,让娃娃菜内部的香气发挥出来。注意:若用水焯,娃娃菜营养和味道会流失很多。

步骤三:
将过油后的娃娃菜捞出用热水冲洗数次,把油分冲掉。

步骤四:
将鸡汤放入锅中,同时加入食用盐0.5克、鸡粉0.5克、胡椒粉0.5克、干贝汤。

步骤五:
将过油的娃娃菜放入调拌好的汤中,烧开。

步骤六:
将煮好的娃娃菜整齐地摆入盘中,盘中多出的汤汁倒回盘中。

图2-4-4 烹制菜肴

步骤七：
将发制好的干贝松放入剩余的汤中，大火烧开，同时勾芡放入锅中。注意：勾芡不可过稠。

步骤八：
汤烧开后，将胡萝卜油倒入锅中。

步骤九：
关火，将勾好的芡汁均匀地浇在娃娃菜上，用餐巾纸将盘边擦干净即可。

图 2-4-4　烹制菜肴（续）

技术要点：

（1）娃娃菜拉油时，注意油温在五成即可，拉油的时间不宜过长（10秒为宜）。

（2）在烧制娃娃菜时，火候为小火，一定要让娃娃菜熟透且入味。

（3）娃娃菜装盘时，一定要把汤汁控净，以免影响下一步芡汁的质量。

（4）芡汁为流芡，一半可以裹在原料上，一半流入盘中为宜。

小贴士：

加工娃娃菜时，拉油的目的是去除蔬菜中含有的菜青味。

炒锅与打荷共同完成。

（五）成品装盘与整理装饰

成品如图 2-4-5 所示。

图 2-4-5　装盘与整理装饰

技术要点：

保证卫生洁净，达到食用标准。

（六）按照岗位要求打荷、炒锅和上杂配合协作完成收档工作

收档工作如下：

依据小组分工对工作区域的设备、工具进行清洗，所有物品经整理后归位原处，码放整齐。各种用具、工具干净，无油腻、无污渍；炉灶清洁卫生，无异味；抹布应干爽、洁净，无油渍、污物，无异味。厨余垃圾经分类后送到指定垃圾站点。

> 收档程序：保管剩余原料，依据小组分工对剩余的主料、配料、调料进行妥善保存，容易变质的原料封保鲜膜放入0～4摄氏度冰箱保存→擦拭整理货架→清洁电器设备，及时清理灭蝇灯→清洁炉灶和工具→关闭燃气灶具→关闭燃气总开关→清洁工作台面和水池→清洁地面→关闭电源→关闭门窗

六、评价标准

工作任务评价标准如表2-4-3所示。

表2-4-3　工作任务评价标准

项目	配分	评价标准
刀工	10	娃娃菜大小均匀、长短一致
口味	30	咸鲜
色泽	10	芡汁金黄，无黑点
汁（芡）量	20	成品为流芡，一半可以裹在原料上，一半流入盘中为好，不汪油
火候	20	口感鲜嫩，贝松味浓郁
装盘成形（9寸汤盘）	10	主料突出，盘边无油迹，主料码放整齐；盘饰卫生、点缀合理、美观、有新意

任务五 焗——咸鱼鸡粒豆腐煲的处理与烹制

一、任务描述

[内容描述]

今天泰国公主访华,在她行程中特意安排到我校参观交流,中午要在我校进餐,我们负责制作部分菜肴。在热菜厨房工作环境中,炒锅、上杂、打荷人员相互配合,运用"焗"的烹制技法与"煲"类菜肴所用器皿相结合,完成广东名菜"咸鱼鸡粒豆腐煲"的烹制。

[学习目标]

(1)掌握咸鱼的原料知识。
(2)掌握咸鱼加工处理的技术要点。
(3)了解"煲"类菜肴所使用器皿的特点与使用方法。
(4)掌握运用"焗"的烹调技法制作菜肴后,与"煲"类菜肴所用器皿相结合的烹调技法。
(5)能够对处理后的"咸鱼"等剩余调料进行合理保管。
(6)逐步养成相互配合的团队合作意识。

二、成品标准

咸鱼鸡粒豆腐煲口味咸鲜,具有咸鱼独特的香味,色彩丰富,荤素搭配合理,如图2-5-1所示。

图2-5-1 咸鱼鸡粒豆腐煲

三、相关知识

传统烹调技艺中对"煲"的解释

1. 定义

所谓的"煲",就是用文火煮食物,慢慢地熬煮,需要很长的烹调时间。烹饪行业中有一句行话"三煲四炖",就是煲一般需要三个小时左右,炖则需要四个小时左右。这里的"煲"一般是指煲汤,往往选择胶原蛋白质含量丰富的动物性原料。先把原料洗净,入锅后一次性加足冷水,用旺火煮沸,撇去浮沫,加入葱、姜,改用小火,保持沸腾3～4小时,使原料里的蛋白质更多地溶解于汤中,最后进行调味即可。汤汁冷却后能凝固,可视为煲制火候合适。

2. "煲"类菜肴所使用的器皿与特点

一般是以红陶和灰陶为主的夹砂陶制成,锅壁较陡直的陶锅,有的全上釉,有的部分上釉。传说是尧帝发明了陶锅,至今已经有几千年的历史。陶锅具有以下特点:

(1)传热快,散热慢,保温能力强,一般陶锅在离火5～10分钟后,锅内食物还能保持接近沸腾的热度。

(2)陶锅能够均衡而持久地把外界热能传递给内部原料,具有相对平衡的环境温度,有利于水分子与食物的相互渗透,能最大限度地释放食物味道,使菜肴的滋味更加鲜醇,质地更加酥烂。

(3)适用于小火慢煮。煲在我国各地使用广泛且历史悠久,只是各地的叫法有所不同。如砂煲、瓦煲、砂锅等。

3. 烹饪行业中"煲"类菜肴的制作方法

(1)传统技法:运用"煲"类菜肴原有的烹饪技法与器皿,通过长时间小火慢煮和陶锅本身的特点,使菜肴滋味醇厚,质地酥烂。如煲汤、生滚粥、煲仔饭、砂锅吊子、砂锅白肉等。

(2)传统技法操作要求:

①原料多为长时间加热,不会影响食用口感的原料,多加工成形体较厚的条、片、块状或将原料洗净直接使用。

②菜肴要在陶锅中,长时间小火慢煮使菜肴原料质地酥烂、汤汁滋味浓厚,多用于汤菜类。

(3)现代技法:运用"炒""烧"等烹调技法,在炒锅中对菜品原料进行如飞水、拉油、炒制、调味、勾芡等加工处理环节,随后将加工好的菜品迅速放入事先烧热的陶锅中，并迅速呈现给客人。这种方法是利用陶锅的散热慢，保温能力强，离火5～10分钟后，锅内食物还能保持接近沸腾热度的特点。在保证菜肴质感的前提下，运用陶锅的自身温度对菜肴进行一定时间的二次加热，使菜肴滋味更加醇厚，香气四溢，降低菜肴的冷却速度，增加客人的食欲。这种方法打破了传统意义上的"煲"类菜肴对原料的局限性；又把陶锅的特点发挥得淋漓尽致，在现代餐饮行业非常流行。如香芋腊鸭煲、鱼香茄子煲、八珍豆腐煲等。咸鱼鸡粒豆腐煲就是其中的代表菜。

（4）现代技法操作要求：

① 选料基本上没有限制，在加工时可以根据原料的特性和菜肴的需要进行初加工。

② 原料初期热处理时，火候要得当，应充分考虑到后期"煲"的热处理对菜肴的影响。以菜肴经过初期热处理和后期"煲"的热处理后不影响原料口感为宜。

③ 初期热处理如需要勾芡，芡汁应为流芡，因为后期"煲"的热处理还会使菜肴水分挥发。

四、制作准备

（一）工艺流程

工艺流程如下。

> 任务："咸鱼鸡粒豆腐煲"开档→特殊原料蒸制加工处理→加工主配料→组配原料→烹制成菜→成品装盘→菜肴整理→收档

（二）工具准备

按照本单元要求进行上杂、打荷、炒锅开档工作；按照完成"咸鱼鸡粒豆腐煲"工作任务需求准备常规工具。

1. 炒锅岗位准备工具

带手布、洗涤灵、炒锅、手勺、漏勺、油盐子、油隔、筷子、保鲜膜、保鲜盒、生料盆、品尝勺。

2. 上杂岗位准备工具

带手布、手刀、保鲜膜、保鲜盒、马斗、品尝勺。

3. 打荷岗位准备工具

不锈钢刀具、砧板、筷子、餐巾纸、料盆、煲仔、盆、马斗、带手布、调料罐。

五、制作过程

(一) 原料准备

打荷岗位、上杂岗位与炒锅岗位配合领取并备齐"咸鱼鸡粒豆腐煲"所需主料、配料和调料,如表 2-5-1、表 2-5-2 所示。

表 2-5-1　准备热菜所需主料、配料

菜肴名称	份数	准备主料		准备配料		准备料头		盛器规格
		名称	数量/克	名称	数量/克	名称	数量/克	
咸鱼鸡粒豆腐煲	1	韧豆腐	400	咸鱼肉	20	葱末	10	煲仔
				鸡腿肉	50	姜末	20	
				青豆	25	蒜末	10	
				红彩椒	20			

表 2-5-2　准备热菜调味（单一味型）——咸鲜味

调味品名	数量	口味要求
糖	3 克	
精盐	1 克	
鸡粉	2 克	
生粉	20 克	
料酒	10 毫升	
胡椒粉	1 克	口味咸鲜，咸鱼味浓郁
色拉油	500 毫升	
鸡汤	50 毫升	
香油	3 毫升	
蚝油	5 毫升	
老抽	2 毫升	

(二) 干货原料处理

上杂岗位完成干货原料处理操作步骤如图 2-5-2 所示。

步骤一：
将咸鱼干放入马斗，入蒸锅干蒸。

步骤二：
蒸制 15 分钟，待咸鱼干充分回软后取出。

图 2-5-2　干货原料处理

步骤三：先去掉咸鱼的鱼皮、薄膜和侧鳍。

步骤四：去掉咸鱼的主骨，留下咸鱼肉备用。

图 2-5-2 干货原料处理（续）

技术要点：

（1）咸鱼干的蒸制时间，可根据肉质的薄厚调整，但蒸制时间不宜过火，以能取下肉为宜。

（2）咸鱼皮撕下后，鱼肉上还有一层薄膜也要去掉，否则影响菜肴口感。

小贴士：

咸鱼干加工好后，一般用干净的食用油泡上保存（以没过咸鱼为准），用油封住可以更好地保持咸鱼特有的香味。

（三）菜肴加工组配

打荷岗位完成配菜组合操作步骤如图 2-5-3 所示。

步骤一：韧豆腐去皮，切成边长为 25 毫米的方丁。

步骤二：红彩椒切成边长为 5 毫米的方丁。

步骤三：鸡腿去皮切成边长为 6 毫米的方丁。

图 2-5-3 配菜

单元二 涨发类菜肴的处理与烹制

步骤四：
将咸鱼肉切成6毫米见方的小丁备用。

步骤五：
将葱、姜、蒜切末，放置一旁。

步骤六：
将切好的鸡丁加入盐1克、鸡粉1.5克、胡椒粉1克、糖、料酒、水淀粉后，进行抓匀，再加入适量的凉油，防止肉面风干。

步骤七：
打荷岗位完成配菜半成品。

图 2-5-3 配菜（续）

小贴士：
咸鱼肉和鸡腿肉切成边长为6毫米的方丁，是因为两者在加热时会缩水，这样就会和其他辅料（如红彩椒、青豆）大小一致，保证菜肴美观。

（四）烹制菜肴

炒锅岗位完成烹制成菜的操作步骤如图 2-5-4 所示。

步骤一：
炒锅中做水，放入少量食盐（豆腐不易碎）。

步骤二：
不必等到水开即可放入豆腐丁，轻轻地用手勺推豆腐，并打散豆腐，关火，倒出豆腐并控水。

步骤三：
锅中做水，放入盐和适量色拉油，水烧开后，将青豆、红椒放入烫熟，倒出备用。

图 2-5-4 烹制菜肴

步骤四：
将锅烧热，放入色拉油润锅。

步骤五：
将锅里的油控掉，放入鸡丁（刚下锅时不要打散），将表面煸至金黄色倒出。

步骤六：
锅中放20毫升油、姜末、咸鱼，进行翻炒煸干，盛出备用。

步骤七：
大火烧热，锅中盛入500毫升油，待油温烧至六成熟时，放入豆腐，小火炸至颜色变黄，豆腐漂起即可沥油，盛出豆腐。

步骤八：
加入少量油，放入蒜茸、咸鱼，煸出香味后放鸡丁、豆腐和约15毫升料酒，开大火，稍微翻炒一下。

步骤九：
加入汤或者水约100毫升，鸡粉1.5克，糖、胡椒粉，用中火慢慢炮制，同时将煲加热。

步骤十：
加入3毫升生抽、1毫升老抽、3毫升蚝油。

步骤十一：
放入之前煮好的红椒、青豆，因为豆腐易碎，换用铲子搅匀。

图 2-5-4 烹制菜肴（续）

步骤十二：将加热好的煲仔放到垫盘中。

步骤十三：将烹制好的菜肴放入煲仔中，装盘即可。

图 2-5-4　烹制菜肴（续）

技术要点：

（1）在炸制豆腐时，油温要保持在七成，使豆腐快速定型上色，炸制后的豆腐尽量保持外焦里嫩的程度。

（2）在焗制豆腐时，要使用小火，一定要让豆腐与咸鱼特有的香味充分融合入味。

（3）菜肴出锅时，芡汁为流芡。芡汁的量要适中，以出锅前用手勺推动菜肴后，才能看见锅底有少量芡汁为宜。

（4）煲仔加热一定要充分，菜肴放入煲仔中可听见"嗞嗞"声且有蒸汽冒出为最好。

小贴士：

如果加热时间较长，绿色蔬菜会变黄，影响菜肴色泽。这是因为绿色蔬菜中的叶绿素在热处理的作用下会变成叶黄素。所以在加工绿色蔬菜时，在飞水断生后，用冷水冲凉是必要措施。

煸炒咸鱼粒时，加入姜末可以去掉咸鱼的腥味，提升咸鱼特有的香味。

放置加热好的煲仔时，在垫盘上放一张用水沾湿的纸巾，可以防止垫盘开裂对人员造成安全隐患和物品损失。

（五）成品装盘与整理装饰

炒锅与打荷共同完成。

技术要点：

保证卫生洁净，达到食用标准。

（六）按照岗位要求打荷、炒锅和上杂配合协作完成收档工作

收档工作如下：

依据小组分工对工作区域的设备、工具进行清洗，所有物品经整理后归位原处，码放整齐。各种用具、工具干净，无油腻、无污渍；炉灶清洁卫生，无异味；抹布应干爽、洁净，无油渍、污物，无异味。厨余垃圾经分类后送到指定垃圾站点。

> 收档程序：保管剩余原料，依据小组分工对剩余的主料、配料、调料进行妥善保存，容易变质的原料封保鲜膜放入0~4摄氏度冰箱保存→擦拭整理货架→清洁电器设备，及时清理灭蝇灯→清洁炉灶和工具→关闭燃气灶具→关闭燃气总开关→清洁工作台面和水池→清洁地面→关闭电源→关闭门窗

六、评价标准

工作任务评价标准如表2-5-3所示。

表2-5-3 工作任务评价标准

项目	配分	评价标准
刀工	20	主料豆腐大小一致，边长为25毫米方丁；四种辅料基本大小均匀，边长为5毫米方丁
口味	20	咸鲜
色泽	10	浅棕红，色彩搭配丰富
汁（芡）量	20	成品煲底有少量汁芡，不汪油
火候	25	口感软嫩入味，咸鱼味厚重
装盘成形（煲仔）	5	盘边无油迹，盘饰卫生，简洁美观

单元三　蒸汽烹菜肴的处理与烹制

单元导读

一、学习内容

本单元主要是由两个工作组成,任务是以运用"旺火沸水长时间焖蒸""旺火沸水速蒸"的技法典型菜肴为载体,通过完整的工作任务,学习在炒锅与上杂岗位上的相关知识、技能,积累工作经验,协调配合完成工作任务。系统地对学生在餐饮职业意识、职业习惯及炒锅与上杂岗位间的沟通合作能力,厨房操作安全、菜品质量和厨房卫生意识等方面提出要求。

蒸是烹饪方法的一种,指把经过调味后的食品原料放在器皿中,再置入蒸笼利用蒸汽使其成熟的一种烹调方法。具体可分为清蒸、粉蒸、包蒸、糟蒸、上浆蒸、果盅蒸、扣蒸、花色蒸等。

二、任务简介

本单元由两组主任务和自主训练任务组成,每组任务由上杂、炒锅岗位在厨房工作环境中配合共同完成。其中,自主训练任务是针对学习主任务技能的进一步强化训练,由学生自主完成。

任务一:梅菜扣肉的处理与烹制,是以训练"旺火沸水长时间焖蒸"的技法为主的实训任务。本任务的自主训练内容为"清蒸鱼的处理与烹制"。

任务二:八宝瓤豆腐的处理与烹制,是以训练"旺火沸水速蒸"的技法为主的实训任务。本任务的自主训练内容为"清汤莲蓬鸡的处理与烹制"。

三、学习要求

本单元的学习任务要求要在与企业厨房生产环境一致的实训环境中完成。学生通过实际训练能够初步体验适应炒锅、上杂及打荷工作环境;能够按照上杂岗位工作流程基本完成开档和收档工作。能够按照炒锅岗位工作流程运用"旺火沸水长时间焖蒸""旺火沸水速蒸"等技法和吊汤、涨发、勺工、火候、调味、勾芡、装盘技术完成典型菜肴的制作,并在工作中培养合作意识、安全意识和卫生意识。

四、相关知识

炒锅与上杂岗位工作流程:

（1）进行炒锅、上杂岗位开餐前的准备工作（餐饮行业叫作"开档"）。

上杂岗位所需工具准备齐全。

炒锅岗位所需工具准备齐全。

原料准备与组配——上杂岗位与炒锅岗位配合领取并备齐制作菜肴所需主料、配料和调料。

（2）按照工作任务进行蒸类菜肴的处理与烹制。

（3）进行上杂、炒锅、打荷岗位开餐后的收尾工作（餐饮行业叫作"收档"）。

依据小组分工对剩余的主料、配料、调料进行妥善保存；清理卫生，整理工作区域。

依据小组分工对工作区域的设备、工具进行清洗，所有物品经整理后归位原处，码放整齐。

厨余垃圾经分类后送到指定垃圾站点。

任务一　旺火沸水长时间焖蒸——梅菜扣肉的处理与烹制

一、任务描述

[内容描述]

同学们，今天在中餐热菜实训厨房中，我们为天津职业学院访问团制作部分午餐，希望你们在工作环境中：炒锅、上杂、打荷人员相互配合、团结协作，运用"蒸"的烹制技法并结合以前所学技能，完成"梅菜扣肉"烹制。

[学习目标]

（1）学习梅干菜的原料知识。
（2）掌握梅干菜加工制作的技术要点。
（3）掌握运用"蒸"（旺火沸水长时间焖蒸）的烹调技法制作菜肴的技术。
（4）养成相互配合的团队合作意识。

二、成品标准

此菜色泽褐红明亮，汁芡滋润，口味咸鲜香回甜，梅干菜、腐乳味浓厚，质感软烂肥而不腻，如图 3-1-1 所示。

图 3-1-1　梅菜扣肉

三、相关知识

（一）"蒸"的解释

"蒸"是烹饪方法的一种，指把经过调味后的菜品原料放在器皿中，再置于笼屉上，利用把蒸锅中的水煮沸所产生的蒸汽对原料进行加热，使其成熟的烹调过程。

我国是世界上最早使用蒸汽烹调菜肴的国家。关于"蒸"的起源，最早可以追溯到五千多年前的炎黄时期，我们的祖先从水煮食物的原理中发现，还可以通过蒸汽加热的形式把食物制熟这一原理。就烹饪而言，运用"蒸"来烹调食物所带来的鲜、香、嫩、滑的口感与滋味是其他烹饪方法不能代替的。

（二）"蒸"的火候种类

"蒸"是一种看似简单的烹饪方法，根据食品原料的特点和所烹制菜肴的要求不同，火力的强弱及时间长短都要有所区别，一般可分为：

（1）旺火沸水速蒸：适用于质地嫩、新鲜程度高的原材料；菜品要求口感鲜、嫩；蒸制时间为 8～15 分钟。如清蒸鱼、蒜茸粉丝蒸扇贝等。

（2）旺火沸水焖蒸：适用于质地较老、形状偏大的原材料；菜品要求口感酥烂、味道浓郁且入味；蒸制时间为 1～2 小时（甚至更长时间）。如粉蒸肉、扣肉等。

（3）文火沸水缓蒸：适用于质地较嫩或经过细致加工的茸泥类原材料；菜品要求口感鲜嫩爽滑、造型美观、艺术感较强；蒸制时间为 5～15 分钟。如芙蓉蒸水蛋、清汤莲蓬鸡等。

（三）蒸制菜肴的特点

（1）蒸制菜肴不同于其他烹饪技法以油、水、火为热传介质，而是以蒸汽为传热介质加热制熟菜品原料。

（2）蒸制菜肴时，菜肴的汁液不像其他加热方式那样大量挥发，最大限度地保留了菜肴中的鲜味物质和营养成分。

（3）蒸制菜肴时，不需要反复在锅中翻动原料即可完成菜品的制作，充分保持了菜肴的完整形态。

（4）蒸制菜肴的过程中水分充足，湿度达到饱和，成熟后的原料质地细嫩，口感软滑。

四、制作准备

（一）工艺流程

工艺流程如下。

任务："梅菜扣肉"开档→加工主配料→调制汁酱→蒸制成菜→成品装盘→菜肴整理→收档

（二）工具准备

按照本单元要求进行上杂、打荷、炒锅开档工作；按照完成"梅菜扣肉"工作任务需求准备常规工具。

1．炒锅岗位准备工具

带手布、洗涤灵、炒锅、手勺、漏勺、油盐子、油隔、筷子、生料盆、品尝勺。

2．上杂岗位准备工具

带手布、洗涤灵、筷子、手刀、扣肉用马斗15厘米、品尝勺。

3．打荷岗位准备工具

不锈钢刀具、砧板、23厘米圆盘、消毒毛巾、筷子、餐巾纸、剪刀、料盆、餐具、盆、带手布、调料罐、保鲜膜、保鲜盒。

五、制作过程

（一）原料准备

打荷岗位、上杂岗位与炒锅岗位配合领取并备齐"梅菜扣肉"所需主料、配料和调料，如表 3-1-1、表 3-1-2 所示。

表 3-1-1　准备热菜所需主料、配料

菜肴名称	份数	准备主料		准备配料		准备料头		盛器规格
		名称	数量/克	名称	数量/克	名称	数量/克	
梅菜扣肉	1	五花肉	400	梅干菜	150	葱段	20	23厘米圆盘
						姜片	10	
						蒜末	10	

表 3-1-2　准备热菜调味（单一味型）——咸鲜味

调味品名	数量	口味要求
腐乳	15 克	
沙姜粉	1 克	
八角粉	1 克	口味咸鲜香回甜，梅干菜、腐乳味浓厚
蚝油	8 毫升	
老抽	5 毫升	
美极鲜味汁	3 毫升	

续表

调味品名	数量	口味要求
料酒	20 毫升	口味咸鲜香回甜，梅干菜、腐乳味浓厚
精盐	1 克	
味精	2 克	
胡椒粉	2 克	
香油	5 毫升	
生油	1000 毫升	
毛汤	50 毫升	
白糖	6 克	
生粉	10 克	
花椒	1 克	
大料	2 克	
香叶	1 克	

（二）菜肴加工组配

加工配菜如图 3-1-2 所示。

（三）原料处理

炒锅、打荷岗位协作完成原料处理操作步骤。

1. 五花肉的加工处理

操作步骤如图 3-1-3 所示。

图 3-1-2 配菜

步骤一：
将五花肉洗净，切成长方形大块。

步骤二：
汤锅中做水，下入五花肉（冷水下锅）。

步骤三：
锅中下入葱段、姜片、花椒、大料、香叶。

图 3-1-3 五花肉的加工处理

步骤四： 待水开后，撇去浮沫，改用小火煮40分钟。

步骤五： 待五花肉煮至六成熟时捞出。

步骤六： 用手钩勾住五花肉放入火中，把猪皮焙干并烧去残留猪毛。

步骤七： 将五花肉平放于漏勺上，趁热在猪皮表面均匀地涂抹老抽上色。

步骤八： 锅中做油，油量不要太少，待油八成热时，下入五花肉，将猪皮炸至枣红色并起小泡捞出，放入热水浸泡10分钟，用小刀将表皮残留杂质刮净。

步骤九： 将五花肉用刀切成厚0.3厘米的大片。

步骤十： 将切好片的五花肉皮朝下整齐码于马斗中。

图 3-1-3　五花肉的加工处理（续）

过桥式摆法：将切好片的五花肉皮朝下整齐码于马斗中，中间8片，两边一边2片，共12片，过桥式多用于小桌。

盘龙式摆法：将切好片的五花肉皮朝下，以马斗为中心，旋转着摆放，每片中心距离保持一致，摆放最后一片时，将第一片与最后一片上下一提，保持好衔接。盘龙式多用于宴席上，平均每盘在16片左右。

技术要点：

（1）五花肉改刀时，宽度的大小一定要一致，这样在切制肉片时，肉片的大小才能一致，保证出品质量。

（2）炸制五花肉时油温一定要高，这样才能将肉皮炸起，炸制后的肉皮以深棕色表面有小泡（行话为珍珠泡）为最佳。

小贴士：

煮制（或者焯水）肉类原料时，一般冷水下锅，这样可以更好地去除肉中的血沫和杂质。

2. 炒锅岗位完成梅干菜炒制操作步骤

梅干菜的加工处理步骤如图 3-1-4 所示。

步骤一：
将梅干菜放入水中浸泡24小时，中间换三次水，期间用双手搓洗，去除盐分并洗净泥沙和杂质。将洗净的梅干菜从水中捞出，用刀剁成碎粒。

步骤二：
炒锅放油，加入姜、大料各两瓣，放入葱煸出香味，加入适量的蒜茸，煸香以后马上放入切好洗净的梅干菜，进行煸炒。

步骤三：
煸炒的时候放入料酒，沙姜粉1.5克，白糖2克，小火慢慢煸炒，直至将梅干菜水分炒干、梅干菜香气炒出即可。

步骤四：
将炒好的梅干菜均匀地放在码好的五花肉上面进行覆盖。可最后在上边放姜片、葱段各2件。

图 3-1-4　梅干菜的加工处理

技术要点：

（1）每次清洗梅干菜换水时，先让梅干菜在水中静止一会儿，再用漏勺轻轻由上至下将梅干菜从水中捞起，尽量不要碰触水底，再将水倒掉换新水。因为梅干菜中的泥沙会沉在水底，捞起的动作过大或者采用直接把水倒出的方法，会再次把泥沙混入梅干菜中。

（2）炒制梅干菜时，锅中不能放油，用文火慢慢煸炒，不要着急，直到将其水分炒干为止。

3. 炒锅岗位完成酱汁炒制操作步骤

炒制南乳汁过程步骤如图 3-1-5 所示。

步骤一：
将锅烧热，加入适量底油，油热后加入腐乳并煸香。

步骤二：
腐乳煸香后加入适量的柱候酱，蒜茸量要大些，大约20克，待香气完全冒出以后，加入煮制五花肉的原汤1勺半即可，换小火，放鸡粉1克、美极鲜味汁5毫升、老抽5～8毫升、蚝油约10毫升、料酒30毫升、盐1克、白糖15克、胡椒粉1.5克、香油10毫升继续炒制。

步骤三：
味汁充分煮制融合后即可。

图 3-1-5　炒制南乳汁

小贴士：

炒制南乳汁时，用文火慢慢熬制，酱汁不宜过稀，稀稠度像米汤即可。

（四）烹制菜肴

炒锅、上杂、打荷岗位合作完成烹制成菜操作步骤如图 3-1-6 所示。

| 任务一　旺火沸水长时间焖蒸——梅菜扣肉的处理与烹制 |

步骤一：
将炒好的南乳汁，浇在事先码好的扣肉半成品上。

步骤二：
锅中放水，加入盐、鸡粉、白糖、少许色拉油，水沸腾以后，放入西兰花，沸水烫熟，大约四十秒后即可盛出。

步骤三：
将梅菜扣肉扣蒸出的汤汁倒入炒菜锅中。

步骤四：
汁算出完毕后，将梅菜扣肉扣入盘中备用。

步骤五：
将西兰花摆在梅菜扣肉的周围，盘不要过早掀开，一来菜容易凉，二来菜的香味会跑出。

步骤六：
待西兰花都摆均匀后，用小刀将马斗铲起。

步骤七：
将步骤三中的汤汁进行勾芡，勾芡一定要薄，不要太厚，芡汁烧开后，用手勺把芡汁均匀地浇在肉片上，梅菜扣肉制作完成。

图 3-1-6　烹制菜肴

技术要点：

（1）南乳汁的炒制口味要适中，颜色不宜过深。浇入南乳汁的量以没过梅菜为准。

（2）蒸制扣肉时，应用猛火焖蒸，这样才能使猪肉软嫩，更好地保持滋味。

（3）菜肴扣入盘中时，双手一定要牢牢抓紧盘子和马斗进行翻转，以免影响菜肴美观。

小贴士：

将扣肉汁勾好芡后，再把马斗从盘子上拿起，可以更好地保持菜肴的温度，打荷岗位要和炒锅岗位相互配合，使烹制的菜肴达到最好的效果。

（五）成品装盘与整理装饰

炒锅与打荷共同完成。

技术要点：

保证卫生洁净，达到食用标准。

（六）按照岗位要求打荷、炒锅和上杂配合协作完成收档工作

收档工作如下：

依据小组分工对工作区域的设备、工具进行清洗，所有物品经整理后归位原处，码放整齐。各种用具、工具干净，无油腻、无污渍；炉灶清洁卫生，无异味；抹布应干爽、洁净、无油渍、污物，无异味。厨余垃圾经分类后送到指定垃圾站点。

> 收档程序：保管剩余原料，依据小组分工对剩余的主料、配料、调料进行妥善保存，容易变质的原料封保鲜膜放入0～4摄氏度冰箱保存→擦拭整理货架→清洁电器设备，及时清理灭蝇灯→清洁炉灶和工具→关闭燃气灶具→关闭燃气总开关→清洁工作台面和水池→清洁地面→关闭电源→关闭门窗

六、评价标准

工作任务评价标准如表3-1-3所示。

表3-1-3　工作任务评价标准

项目	配分	评价标准
刀工	20	肉片薄厚均匀，大小一致
口味	20	口味咸鲜香回甜，梅干菜、腐乳味浓厚
色泽	10	色泽褐红明亮
汁（芡）量	20	汁芡滋润油亮、宽汁
质感	15	质感软烂肥而不腻
装盘成形（12寸鱼盘）	15	原料码放整齐，盘边无油迹，盘饰卫生，简洁美观

任务二 旺火沸水速蒸——八宝酿豆腐的处理与烹制

一、任务描述

[内容描述]

"蒸"是中餐非常重要的烹饪技法,在前面我们已经进行了练习。今天北京市旅游局邀请加拿大职业教育考察团来京访问,在我校进餐,我们负责部分菜肴制作。希望你们在工作环境中:炒锅、上杂、打荷人员继续相互配合、团结协作,运用"蒸"的烹制技法并结合以前所学技能,完成"八宝酿豆腐"烹制。

[学习目标]

(1)学习关于"八宝馅"中相关的原料知识。
(2)掌握"酿"制手法的技术要点。
(3)进一步掌握运用"蒸"(旺火蒸)的烹调技法制作菜肴的技术。
(4)养成相互配合的团队合作意识。

二、成品标准

此菜豆腐色泽金黄,汁芡滋润明亮。口味咸鲜,滋味浓厚,营养丰富,口感软嫩,如图3-2-1所示。

图3-2-1 八宝酿豆腐

三、相关知识

(一)传统烹调技艺中对"酿"的解释

"酿"是中餐菜肴的一种加工技法,往往与"蒸""煎""烧"等烹调技法相配合使用加工菜肴。"酿"在烹饪领域的解释是"包裹于""包容于"的意思。往往是将某种馅料（或原料）包裹于（或包容于）某种原料中，再通过"蒸""煎""烧"等烹调技法进行熟制。使原料之间的味道相互融合，增加菜肴的新颖度，调动顾客的食欲。

（二）"酿"的种类

（1）里酿：将馅料（或原料）完全放置于某种原料之中（呈封闭状态），再进行烹制。代表菜：八宝酿豆腐、酿烧面筋等。

（2）外酿：将某种馅料（或原料）嵌在某种原料之上，再进行烹制。代表菜：锅仔客家酿豆腐、豉汁煎酿三宝等。

四、制作准备

（一）工艺流程

工艺流程如下。

> 任务："八宝酿豆腐"开档→组配原料→加工并酿制原料→烹制成菜→成品装盘→菜肴整理→收档

（二）工具准备

按照本单元要求进行上杂、打荷、炒锅开档工作；按照完成"八宝酿豆腐"工作任务需求准备常规工具。

1. 炒锅岗位准备工具

带手布、炒锅、手勺、漏勺、手钩、油鹽子、油隔、筷子、保鲜膜、保鲜盒、生料盆、品尝勺。

2. 上杂岗位准备工具

带手布、洗涤灵、筷子、手刀、保鲜膜、保鲜盒、马斗、品尝勺。

3. 打荷岗位准备工具

不锈钢刀具、砧板、9寸窝盘、消毒毛巾、筷子、餐巾纸、剪刀、料盆、餐具、盆、马斗、带手布、调料罐、保鲜盒、保鲜膜。

五、制作过程

（一）原料准备

打荷岗位、上杂岗位与炒锅岗位配合领取并备齐"八宝酿豆腐"所需主料、配料和调料，如表 3-2-1、表 3-2-2 所示。

表 3-2-1　准备热菜所需主料、配料

菜肴名称	份数	准备主料		准备配料		准备料头		盛器规格
		名称	数量/克	名称	数量/克	名称	数量/克	
八宝酿豆腐	1	豆腐	500	猪肉	100	葱末	20	9寸窝盘
				虾仁	50			
				鲜贝	50			
				海参	50	蒜末	10	
				火腿	25			
				冬笋	25			
				马蹄	25			
				香菇	25	姜末	10	
				菜心	50			

表 3-2-2　准备热菜调味（单一味型）——咸鲜味

调味品名	数量	口味要求
精盐	2.5 克	
味精	2 克	
芝麻油	25 毫升	
胡椒粉	2 克	口味咸鲜，味道浓厚
生抽	5 毫升	
蚝油	3 毫升	
清汤	200 毫升	
色拉油	1000 毫升	

（二）原料处理

打荷岗位完成原料处理操作步骤，如图 3-2-2 所示。

步骤一：
去掉豆腐的硬皮。

步骤二：
将豆腐切成长 4 厘米，宽、厚各 2 厘米的大块。

图 3-2-2　原料处理

步骤三：将葱、姜、蒜、海参、冬笋、马蹄、香菇、虾仁、扇贝、猪肉切成粒。

步骤四：馅料组配完成。

图 3-2-2　原料处理（续）

技术要点：

因为菜肴需要并排码放，所以豆腐改刀时，大小一定要一致，以免影响菜肴美观。

小贴士：

在组配炒制馅料时，由于原料的成熟时间不一，所以需要分开码放，便于炒锅岗位接下来的操作。

（三）加工及酿制原料

炒锅、打荷岗位协作完成原料的加工及酿制操作步骤，如图 3-2-3 所示。

（1）馅料的炒制操作步骤如图 3-2-3 所示。

步骤一：将锅烧热，放入凉油，三成熟时下入肉丁，滑熟待用。

步骤二：把水烧开，将海参丁、冬笋丁、马蹄丁放入锅中焯水，焯透后沥水。

步骤三：锅中放底油，将葱、姜、蒜末煸炒。

图 3-2-3　馅料的炒制

步骤四：
待煸出香气后，放入香菇粒、虾仁、扇贝煸炒，待它们煸熟后，放入猪肉粒和其他的八宝馅。

步骤五：
将料酒、酱油、香油、蚝油、白糖（1勺）、盐（1克）、鸡粉（1克）、胡椒粉（0.5克）等调料加入锅中，最后勾薄芡，翻炒后即可盛出备用。

图 3-2-3　馅料的炒制（续）

技术要点：

熟馅炒制时，加入清汤并勾芡，可以使馅料口感更加滋润柔和。

小贴士：

油温过低，豆腐表面不易形成硬壳。在豆腐还没有定型之前，不要用手勺去翻动豆腐。

（2）豆腐的加工及酿制的操作步骤如图 3-2-4 所示。

步骤一：
锅中倒油，待油温七成热时，沿着锅边快速下入豆腐，进行炸制。用手轻轻晃动锅，以防豆腐粘锅，大约40秒后，豆腐表面会有一层金黄色硬壳，用铲子托起豆腐，检查豆腐是否炸好。

步骤二：
将豆腐炸至金黄色时捞出，放到吸油纸上待用。

步骤三：
在豆腐较宽的一面轻轻切开，但不要切断。

图 3-2-4　豆腐酿制过程

步骤四：
将切好的豆腐放平。

步骤五：
用小勺把里边的豆腐掏出，使豆腐呈箱状。

步骤六：
加工好的豆腐成品。

步骤七：
用小勺把馅料放入豆腐中。

步骤八：
将馅料填满，盖上盖子。

步骤九：
逐一将豆腐酿好，放入盘中待用。

图 3-2-4　豆腐酿制过程（续）

技术要点：

（1）炸豆腐时，尽量炸老一些，皮一定要炸硬，便于接下来操作。

（2）挖豆腐时，四周和底部要保留一点豆腐，且四边的量要保持一致。

（3）酿豆腐时，馅料要添足，且酿制的动作要轻。

小贴士：

把豆腐炸老的方法：热油下锅，待豆腐外皮基本定型后，关火，让锅内余温继续炸制豆腐 3～5 分钟后，再开大火炸制，待豆腐色泽金黄后捞出。

（四）烹制菜肴

炒锅、上杂、打荷岗位合作完成烹制成菜操作步骤如图 3-2-5 所示。

步骤一：
先用食用油给锅润一下，再在锅中加入鸡汤烧开，加入盐1克、鸡粉1克、胡椒粉0.5克、白糖2克、蚝油15毫升、酱油5毫升、料酒10毫升、美极鲜味汁5毫升、香油几滴，调匀。

步骤二：
将调好的清汤浇在豆腐上。

步骤三：
用保鲜膜将托盘封严。

步骤四：
放入蒸箱，蒸35～40分钟即可。

步骤五：
将蒸好的酿豆腐逐一码入盘中，动作要轻柔。

步骤六：
将蒸豆腐原汁倒在锅中，烧开后勾玻璃芡，加入适量的酱油，明油烧开。

步骤七：
将芡汁均匀地淋在码好的豆腐盒表面，每个豆腐盒都要淋到即可。

图 3-2-5　烹制菜肴

技术要点：

（1）在调制蒸豆腐的汤时，口味要淡一些，不能太重。

（2）此菜调制的芡汁应为流芡。

（五）成品装盘与整理装饰

炒锅与打荷共同完成。

技术要点：

保证卫生洁净，达到食用标准。

（六）按照岗位要求打荷、炒锅和上杂配合协作完成收档工作

收档工作如下：

依据小组分工对工作区域的设备、工具进行清洗，所有物品经整理后归位原处，码放整齐。各种用具、工具干净，无油腻、无污渍；炉灶清洁卫生，无异味；抹布应干爽、洁净，无油渍、污物，无异味。厨余垃圾经分类后送到指定垃圾站点。

> 收档程序：保管剩余原料，依据小组分工对剩余的主料、配料、调料进行妥善保存，容易变质的原料封保鲜膜放入0～4摄氏度冰箱保存→擦拭整理货架→清洁电器设备，及时清理灭蝇灯→清洁炉灶和工具→关闭燃气灶具→关闭燃气总开关→清洁工作台面和水池→清洁地面→关闭电源→关闭门窗

六、评价标准

工作任务评价标准如表 3-2-3 所示。

表 3-2-3　工作任务评价标准

项目	配分	评价标准
刀工	15	豆腐薄厚、大小均匀一致
口味	20	口味咸鲜，滋味浓厚
色泽	10	豆腐色泽金黄，汁芡蚝油色
芡汁	20	芡汁为流芡，滋润油亮
质感	20	口感软嫩
装盘成形（9寸窝盘）	15	原料码放整齐，盘边无油迹，盘饰卫生，美观大方

单元四　辐射烹菜肴的处理与烹制

单元导读

一、学习内容

本单元主要是由三个工作任务组成，任务是以运用"焖炉烤""烤盘烤"的技法典型菜肴为载体，通过完整的工作任务，学习在炒锅与上杂岗位上的相关知识、技能，积累工作经验，协调配合完成工作任务。系统地对学生在餐饮职业意识、职业习惯及炒锅与上杂岗位间的沟通合作能力，厨房操作安全、菜品质量和厨房卫生意识等方面提出要求。

烤是将加工处理好或腌渍入味的原料置于烤具内部，用明火、暗火等产生的热辐射进行加热的一种烹调方法。

烤制方法可分为挂火烤、焖炉烤、烤盘烤、叉烤、串烤、网夹烤、石板烤、铁锅烤。

二、任务简介

本单元由三组主任务和自主训练任务组成，每组任务由上杂、炒锅岗位在厨房工作环境中配合共同完成。其中，自主训练任务是针对学习主任务技能的进一步强化训练，由学生自主完成。

任务一：叫花鸡的处理与烹制，是以训练"焖炉烤"的技法为主的实训任务。本任务的自主训练内容为"石烹虾酱鸡蛋的处理与烹制"。

任务二：烤羊排的处理与烹制，是以训练"烤盘烤"的技法为主的实训任务。本任务的自主训练内容为"烤鸡翅的处理与烹制"。

三、学习要求

本单元的学习任务要求要在与企业厨房生产环境一致的实训环境中完成。学生通过实际训练能够初步体验适应炒锅、上杂及打荷工作环境；能够按照上杂岗位工作流程基本完成开档和收档工作。能够按照炒锅岗位工作流程运用"焖炉烤""烤盘烤"等技法和涨发、装盘等技术完成典型菜肴的制作，并在工作中培养合作意识、安全意识和卫生意识。

四、相关知识

炒锅与上杂岗位工作流程：

（1）进行炒锅、上杂岗位开餐前的准备工作（餐饮行业叫作"开档"）。

上杂岗位所需工具准备齐全。

炒锅岗位所需工具准备齐全。

原料准备与组配——上杂岗位与炒锅岗位配合领取并备齐制作菜肴所需主料、配料和调料。

（2）按照工作任务进行汤类菜肴的处理与烹制。

（3）进行上杂、炒锅、打荷岗位开餐后的收尾工作（餐饮行业叫作"收档"）。

依据小组分工对剩余的主料、配料、调料进行妥善保存；清理卫生，整理工作区域。

依据小组分工对工作区域的设备、工具进行清洗，所有物品经整理后归位原处，码放整齐。

厨余垃圾经分类后送到指定垃圾站点。

任务一 焖炉烤——叫花鸡的处理与烹制

一、任务描述

[内容描述]

今天有多位法国客人到我校参观,要与我校师生共进午餐,我们负责部分菜肴制作,希望你们在工作环境中能够做到炒锅、打荷人员继续相互配合、团结协作,运用"烤"的烹制技法并结合以前所学技能,完成名菜"叫花鸡"的烹制。

[学习目标]

(1)了解关于叫花鸡的由来。
(2)掌握"烤"制菜肴的技术要点。
(3)掌握运用"烤"的烹调技法制作菜肴的技术要领。
(4)养成相互配合的团队合作意识。

二、成品标准

此菜风味独特,芳香扑鼻,色泽自然明亮,口味咸鲜,滋味浓厚,口感骨酥肉嫩,如图 4-1-1 所示。

图 4-1-1　叫花鸡

三、相关知识

（一）什么是"烤"

"烤"是最古老的烹饪方法，自从人类发现了火，知道了吃热的熟食物时，最先使用的方法就是用野火烤制食物。演变至今，"烤"已经发生了重大变化，除了"烤"的形式上的变化，更重要的是通过使用各种调料和各种调味的方法，更好地改善了烤制菜肴的口味、质感、色泽，等等。

（二）"烤"的定义

指将加工处理好或腌渍入味的原料置于烤具内部，用明火或暗火产生的热辐射进行加热的烹调技法。

（三）传统"叫花鸡"

"叫花鸡"是1956年浙江省认定的36种杭州名菜之一。相传，古时有个叫花子，饥寒交迫，无奈中偷来一只母鸡，可又没有锅灶，就用泥巴将鸡包裹起来，放在柴火中煨烤，食之滋味别致，香气异常。后来这一泥烤技法传入酒楼，厨师选用优质三黄鸡，在鸡腹中放入调料，用产于西湖的荷叶包裹，并在外层的泥巴中加入了绍酒进行烤制。通过长时间的烤制，使荷叶的清香和母鸡的鲜香融为一体。成菜鸡肉酥嫩，香气袭人，蘸以花椒盐和辣酱油食之，风味更佳。

（四）现代"叫花鸡"

传统的"叫花鸡"是将鸡用荷叶包裹后，再用泥巴完全封好放于明火中进行烤制的。经过现代厨师们的反复研究，在继承了传统烹调手法的基础上，对传统"叫花鸡"进行了几处改良：

（1）在三黄鸡中添加了更加丰富的原料与调料，使鸡肉的味道更具风味，更加醇厚。

（2）在腌好的鸡外面，先用一张猪网油进行包裹，通过油脂使鸡肉更加滋润。

（3）用面粉代替了泥巴，由于泥巴中含有重金属和微生物，因此用来制作食物不是很安全。

（4）用暗火烤制代替了明火烤制，使厨师在烹制菜肴过程中更加便于对火候和时间的把握。

四、制作准备

(一)工艺流程

工艺流程如下。

> 任务:"叫花鸡"开档→加工主配料→腌制原料→加工半成品→烤制成菜→成品装盘→菜肴整理→收档

(二)工具准备

按照本单元要求进行打荷、炒锅开档工作;按照完成"叫花鸡"工作任务需求准备常规工具。

1. 炒锅岗位准备工具

带手布、洗涤灵、炒锅、手勺、漏勺、手钩、油罄子、油隔、筷子、保鲜膜、保鲜盒、生料盆、品尝勺。

2. 打荷岗位准备工具

不锈钢刀具、砧板、四方盘、消毒毛巾、筷子、餐巾纸、剪刀、料盆、餐具、盆、马斗、带手布、调料罐、保鲜盒、保鲜膜、油纸、捣罐。

五、制作过程

(一)原料准备

打荷岗位、上杂岗位与炒锅岗位配合领取并备齐"叫花鸡"所需主料、配料和调料,如表 4-1-1、表 4-1-2 所示。

表 4-1-1 准备热菜所需主料、配料

菜肴名称	份数	准备主料		准备配料		准备料头		盛器规格
		名称	数量/克	名称	数量	名称	数量/克	
叫花鸡	1	三黄鸡一只	750	猪腿肉	100 克	葱段	100	12 寸方盘
				鲜荷叶	2 张			
				猪网油	250 克			
				水发冬菇	50 克	姜丝	15	
				面粉	750 克			

表 4-1-2　准备热菜调味（单一味型）——咸鲜味

调味品名	数量	口味要求
精盐	5 克	
味精	4 克	
白糖	7.5 克	
绍酒	100 毫升	
八角	2 克	口味咸鲜，风味独特
山奈	1 克	
酱油	35 毫升	
蚝油	20 毫升	
花椒盐	10 克	
辣酱油	25 毫升	

（二）原料加工组配

炒锅、打荷岗位共同完成原料加工组配操作步骤。

1．炒锅岗位和制面团的操作步骤

操作步骤如图 4-1-2 所示。

步骤一： 在清水中加入 20 毫升绍酒。

步骤二： 再加入 1 克的盐，搅拌均匀。

步骤三： 将水分几次加入面粉中，和制面团。

步骤四： 将面团和制均匀后，用保鲜膜封好，进行饧制待用。

图 4-1-2　和制面团

技术要点：

面团和制的软硬程度像饺子面就可以了（面粉 500 克加入水 210 毫升）。

2. 打荷岗位切配馅料

操作步骤如图 4-1-3 所示。

步骤一：将葱切成丝待用。

步骤二：将姜切成丝待用。

步骤三：将猪腿肉切成丝待用。

步骤四：将水发冬菇切成丝待用。

图 4-1-3　切配馅料

技术要点：

由于叫花鸡需要长时间烤制，所以原料不宜切得太细。

3. 炒锅岗位炒制馅料

操作步骤如图 4-1-4 所示。

步骤一：锅中放少许底油，把锅润一下后倒掉，再加入食用油，下肉丝进行煸炒。

步骤二：待肉丝煸炒至白时，下入香菇丝和冬笋丝继续煸炒。

步骤三：待煸出部分水后，加入料酒、酱油、精盐、鸡粉、胡椒粉、白糖，也可以加入一点蚝油进行提鲜。

图 4-1-4　炒制馅料

步骤四： 用旺火进行煸炒，待香味出来后加入香油，勾薄芡。	步骤五： 将切好的葱丝、姜丝放入锅中。	步骤六： 待炒至均匀后，出锅待用。

图 4-1-4　炒制馅料（续）

技术要点：

（1）此馅料主要是用作丰富菜肴的滋味，所以尽量把原料和调料的香味炒出。

（2）葱、姜丝煸炒时下一半，另一半制作腌料汁使用。

4．打荷岗位制作腌料汁

操作步骤如图 4-1-5 所示。

步骤一： 将山奈、大料放入捣罐中。	步骤二： 进行捣制。	步骤三： 将原料充分捣碎，倒入马斗中。

步骤四： 加入料酒、盐、糖、胡椒粉、酱油、香油、蚝油。	步骤五： 用小勺将调料搅拌均匀。	步骤六： 再下入葱、姜丝搅拌均匀待用。

图 4-1-5　制作腌料汁

5. 打荷岗位加工整鸡

操作步骤如图 4-1-6 所示。

步骤一：
将三黄鸡洗净，切去鸡脚。

步骤二：
用剔骨刀从内侧将鸡腿骨打开。

步骤三：
在鸡大腿和小腿的关节处划一刀，将骨关节切开（去骨能让鸡身填充更多的馅儿，并且还便于鸡身的造型）。

步骤四：
用刀跟部压住小腿骨向反方向撇下骨头并用刀切断与肉连接部分，注意不要戳破鸡皮。

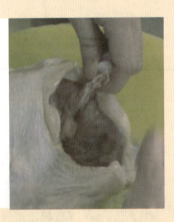

步骤五：
用同样的方法剔出鸡翅的主骨。

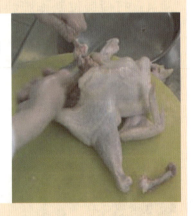

步骤六：
将鸡颈根部用刀背敲几下，轻轻地将颈骨折断。

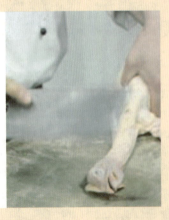

步骤七：
原料加工组配完成。

图 4-1-6　加工整鸡

技术要点：

鸡肉去骨时，手法要轻，不要破坏鸡皮，以免影响菜肴美观。

小贴士：

（1）市场上宰杀好的鸡，一般鸡肺和鸡肾是不去的，我们在对鸡清洗时，要注意去除。

（2）为了便于储存，厨房一般使用干荷叶，干荷叶在使用时，要提前2小时冷水浸泡至变软再使用。

（三）腌制原料

打荷岗位完成腌制原料的操作步骤如图4-1-7所示。

步骤一：
将馅料从鸡后部开口处放入鸡膛，并用竹签将开口处封严。

步骤二：
用剪刀将多余的竹签剪断，将鸡放入盘中。

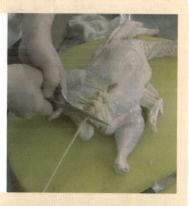

步骤三：
将腌料汁均匀地涂抹在鸡身上。

步骤四：
腌制2小时。

图 4-1-7 腌制原料

技术要点：

鸡后部封口时，把竹签旋转着往上走，一定要封严。

（四）加工半成品

打荷岗位完成加工半成品的操作步骤如图4-1-8所示。

步骤一：
猪网油平铺在砧板上，充分展开，将多余的边和肥油脂减掉，将鸡腋下开口处朝上，放在猪网油中间。

步骤二：
第一层用猪网油将鸡包好。

步骤三：
第二层将鸡放到荷叶中间，用荷叶将鸡包好，包两层荷叶（借助荷叶本身的香气，让鸡肉烤出来更加鲜美，并且还能防止原料中的水分过分散失）。

步骤四：
第三层用玻璃纸将鸡包好。

步骤五：
第四层再用荷叶将鸡包好。

步骤六：
面团擀成大长方片（以能包裹住鸡身为准），用面片将鸡包好，两端先进行封口，另一侧向中间拢，用手把中间接缝的地方捏死（注意：面团需要裹紧，不能透气）。

步骤七：
包裹成长方体。

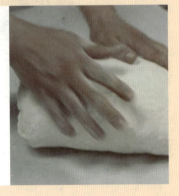

步骤八：
封口朝下，放入烤盘待用。

图 4-1-8　加工半成品

技术要点：

（1）在包裹叫花鸡时，每层都要尽量包紧。

（2）第五层用面片将鸡包裹时，把封口处捏死，绝对不能漏。

（五）烹制菜肴

炒锅、打荷岗位合作完成烹制成菜操作步骤如图 4-1-9 所示。

步骤一：
将烤箱调至 220 摄氏度高预热。

步骤二：
待烤箱达到 220 摄氏度后，放入叫花鸡，烤 40 分钟后，调整到 160 摄氏度再烤 3 小时。

步骤三：
将烤好的叫花鸡从烤箱中取出，用锤子敲开面皮，防止一会儿打开时，面皮进入内部。

步骤四：
用小刀将面皮上画"十"字刨开。

步骤五：
将叫花鸡放入盘中，并将面片打开。

步骤六：
打开外层的荷叶，露出烤制好的叫花鸡。

步骤七：
菜肴完成。

图 4-1-9　烹制菜肴

技术要点：

烤制叫花鸡时注意时间的把控，及时调节烤箱内的温度。

（六）成品装盘与整理装饰

炒锅与打荷共同完成。

技术要点：

保证卫生洁净，达到食用标准。

（七）按照岗位要求打荷、炒锅和上杂配合协作完成收档工作

收档工作如下：

依据小组分工对工作区域的设备、工具进行清洗，所有物品经整理后归位原处，码放整齐。各种用具、工具干净，无油腻、无污渍；炉灶清洁卫生，无异味；抹布应干爽、洁净，无油渍、污物，无异味。厨余垃圾经分类后送到指定垃圾站点。

> 收档程序：保管剩余原料，依据小组分工对剩余的主料、配料、调料进行妥善保存，容易变质的原料封保鲜膜放入0～4摄氏度冰箱保存→擦拭整理货架→清洁电器设备，及时清理灭蝇灯→清洁炉灶和工具→关闭燃气灶具→关闭燃气总开关→清洁工作台面和水池→清洁地面→关闭电源→关闭门窗

六、评价标准

工作任务评价标准如表4-1-3所示。

表4-1-3　工作任务评价标准

项目	配分	评价标准
刀工	15	翅骨、腿骨剔除干净，不破坏主体表皮
口味	20	口味咸鲜，风味独特
色泽	10	色泽自然，微黄
火候	20	烤制时间、火候恰到好处
质感	20	口感骨酥肉嫩
装盘成形（12寸方盘）	15	盘边无油迹，盘饰卫生，美观大方

任务二　烤盘烤——烤羊排的处理与烹制

一、任务描述

[内容描述]

同学们，今天呼和浩特市某职业学校教师团来我校参观学习，我们负责部分菜肴制作，希望你们在工作环境中能够做到炒锅、上杂、打荷人员继续相互配合、团结协作，继续运用"烤"的烹制技法并结合以前所学技能，完成具有蒙古族特色风味的"烤羊排"的烹制。

[学习目标]

（1）掌握羊肉的原料知识。
（2）掌握烧烤酱的调制方法。
（3）掌握运用"烤"的烹调技法制作"烧烤"菜肴的技术要领。
（4）养成相互配合的团队合作意识。
（5）养成良好的安全工作意识。

二、成品标准

此菜风味独特，色泽棕红明亮，口味香辣微甜，孜然味道浓厚，肉质香嫩，口感外酥里嫩，如图4-2-1所示。

图4-2-1　烤羊排

三、相关知识

（一）"烧烤"的由来

"烧烤"这个词传入中国已有近二十年的时间了，它起源于欧洲，英文是"barbeque"（简写为BBQ），翻译成中文是：烧烤聚餐；吃烤烧肉的聚会。我国早在几千年前，中国烹饪发展初期（火烹时期）就有了"烤"这种烹调方法，而且"烤"制的菜肴因其风味独特，入口美味异常，深受人们的喜爱，随着烹饪技术的不断发展，"烤"不但没有被人们淡忘，还出现了许多花样，如明炉烤、焖炉烤、串烤、叉烤等。但是，那只是代表一种制作食物的方法，并不是一种饮食形式的代名词。随着"烧烤"这个词的传入，它已逐渐被大家广泛接受并使用，成了一种多人聚会休闲娱乐方式的代名词。不论在亚洲、美洲还是欧洲，烧烤通常是小至家庭、大至学校的集体活动。

（二）"烧烤酱"的产生与使用

随着生活水平的不断提高，人们对食物的种类、营养、口味等方面的要求也越来越高。食物的种类、营养可以从选料、烹调时间、火候等方面加以完善。可是，在口味方面中国有句成语叫"众口难调"，每个人都有自己喜爱的口味，而且现在的人们更加喜爱复合的口味，但是如果去野外烧烤不可能把形形色色、各种各样的调料全部带上，所以各种复合口味的烧烤酱便孕育而生了，如香辣烧烤酱、五香烧烤酱、沙茶烧烤酱、麻辣烧烤酱等。随着烧烤酱被人们接受，餐饮企业也加入了烧烤酱的研发中，于是出现了更加细化的烧烤酱，如酸辣柠檬烤虾酱、照烧烤肉酱、本草烤排骨酱、蜜汁烤翅酱等。

四、制作准备

（一）工艺流程

工艺流程如下。

> 任务："烤羊排"开档→加工组配原料→腌制原料→烤制成菜→成品装盘→菜肴整理→收档

（二）工具准备

按照本单元要求进行打荷、炒锅、上杂开档工作；按照完成"烤羊排"工作任务需求准备常规工具。

1. 炒锅岗位准备工具

带手布、洗涤灵、炒锅、手勺、漏勺、手钩、油盐子、油隔、筷子、保鲜膜、保鲜盒、生料盆、品尝勺。

2. 打荷与上杂岗位准备工具

不锈钢刀具、砧板、12寸方盘、消毒毛巾、筷子、餐巾纸、剪刀、料盆、餐具、盆、马斗、带手布、调料罐、保鲜盒、保鲜膜、不锈钢签子、烤盘、油刷、油纸。

五、制作过程

(一) 原料准备

打荷岗位、上杂岗位与炒锅岗位配合领取并备齐"烤羊排"所需主料、配料和调料，如表4-2-1、表4-2-2所示。

表4-2-1 准备热菜所需主料、配料

菜肴名称	份数	准备主料		准备配料		准备料头		盛器规格
		名称	数量/克	名称	数量/克	名称	数量/克	
烤羊排	1	羊排	1500	洋葱	200	蒜泥	20	12寸方盘

表4-2-2 准备热菜调味（复合味型）——香辣味

调味品名	数量	口味要求
百里香	2克	
迷迭香	1克	
孜然粉	5克	
白糖	15克	
水淀粉	5克	
香油	2毫升	
葱姜水	50毫升	
甜面酱	50克	
香辣酱	30克	口味香辣微甜
蒜茸辣酱	30克	
胡椒粉	1克	
料酒	10毫升	
美极鲜酱油	5毫升	
辣椒面	3克（烧烤酱用2克、制作用1克）	
橄榄油	50毫升（烧烤酱用20毫升、制作用30毫升）	
白芝麻	2克	
孜然粒	3克	

（二）原料加工组配

打荷岗位完成烧烤酱和原料加工组配操作步骤如图 4-2-2 所示。

步骤一：
组配菜肴。

步骤二：
调制烧烤酱——将料酒、白糖（或麦芽糖）、蚝油、甜面酱、胡椒粉、生抽、鸡粉、香辣酱、蒜茸辣酱、香油、孜然粒两勺、孜然粉四勺、辣椒粉两勺、白芝麻四勺、葱姜水放入盆中。用小勺搅拌均匀，加入橄榄油增加香气（可加入甜面酱来调料的稀稠度）。

步骤三：
菜肴组配完成。

图 4-2-2　加工

技术要点：

（1）烧烤酱的调制一定按照比例调配，保证菜肴出品的一致性（其中辣椒面下 2 克、橄榄油下 20 毫升，其余严格按照配料表调配）。

（2）羊排的初加工：在正面沿着羊肋骨的骨缝剖刀，深度到骨为宜。

（三）腌制原料

打荷岗位完成腌制原料的操作步骤如图 4-2-3 所示。

步骤一：
将羊排放入托盘，并翻上来，顺着骨缝的结构进行剖刀（注意要深到骨头）。

步骤二：
将羊排翻过来，在骨缝的地方轻轻划上一刀。

图 4-2-3　腌制原料

步骤三：
用刷子将烧烤酱均匀地刷在羊排表面。

步骤四：
羊排两面都刷好烧烤酱后，腌制1小时。

图 4-2-3　腌制原料（续）

技术要点：

为了让羊排更好地入味，可在羊排腌制半小时后，再刷一遍烧烤酱。

（四）烹制菜肴

炒锅、打荷岗位合作完成烹制成菜操作步骤如图 4-2-4 所示。

步骤一：
将烤箱调至200摄氏度高温预热，在烤盘中放入油纸或锡纸，把洋葱放上。

步骤二：
淋入适量橄榄油。

步骤三：
将腌制好的羊排正面朝上放入烤盘，即可进烤箱烤制。

步骤四：
将羊排烤制40分钟后取出，去掉上面的洋葱，刷少许橄榄油后，均匀地撒上孜然粒、辣椒面、白芝麻。放入烤箱继续烤制8分钟。

步骤五：
将烤好的羊排取出，洋葱丝垫于盘底。

步骤六：
将烤好的羊排码入盘中，烤羊排烹制完成。

图 4-2-4　烹制菜肴

小贴士：

（1）在使用孜然粒前，可将其轻轻用刀拍一拍，这样更容易释放其香气。

（2）如果羊排油脂较少，烤制时可在羊排表面多刷1～2遍橄榄油。

（3）撒上孜然粒、辣椒面、白芝麻后烤制时，注意多观察，烤出香味即可，不要烤煳。

（五）成品装盘与整理装饰

炒锅与打荷共同完成。

技术要点：

保证卫生洁净，达到食用标准。

（六）按照岗位要求打荷、炒锅和上杂配合协作完成收档工作

收档工作如下：

依据小组分工对工作区域的设备、工具进行清洗，所有物品经整理后归位原处，码放整齐。各种用具、工具干净，无油腻、无污渍；炉灶清洁卫生，无异味；抹布应干爽、洁净，无油渍、污物，无异味。厨余垃圾经分类后送到指定垃圾站点。

> 收档程序：保管剩余原料，依据小组分工对剩余的主料、配料、调料进行妥善保存，容易变质的原料封保鲜膜放入0～4摄氏度冰箱保存→擦拭整理货架→清洁电器设备，及时清理灭蝇灯→清洁炉灶和工具→关闭燃气灶具→关闭燃气总开关→清洁工作台面和水池→清洁地面→关闭电源→关闭门窗

六、评价标准

工作任务评价标准如表4-2-3所示。

表4-2-3 工作任务评价标准

项目	配分	评价标准
刀工	10	羊排刀口均匀、深浅一致
口味	20	口味香辣，微甜，风味独特
色泽	10	色泽棕红、明亮
火候	30	烤制时间、火候恰到好处
质感	20	肉质外酥里嫩
装盘成形（长方盘）	10	盘边无油迹，盘饰卫生，美观大方

单元五 组合菜单菜肴的处理与烹制

单元导读

一、学习内容

　　本单元主要由四个工作任务组成，任务是以川菜、鲁菜、苏菜、粤菜四套家宴菜单中典型风味菜肴为载体，通过完整的工作任务，运用已经掌握的水台、砧板、打荷、炒锅及上杂工作岗位上相关理论知识、专业技能及已积累的工作经验，协调配合完成工作任务。系统地对学生在餐饮职业意识、职业习惯及中厨房各岗位间的沟通合作能力，厨房操作安全、菜品质量和厨房卫生意识等方面提出更高的要求。

　　《中餐烹饪专业》——《上杂与炒锅》综合技能实训模块由一个综合实训单元构成，包括四个综合实训任务，每个综合实训任务包括三道主菜和一道汤，训练学生综合运用多种烹调技法完成小型宴席的能力。通过训练，学生应能较快地适应现代饭店的节奏，适应饭店中不同岗位的工作。通过实习学生基本达到中级烹调师的标准和要求，具备设计、制作标准宴席和制作一定数量的风味菜、特色菜的娴熟技艺，巩固了课程实训内容。

二、任务简介

　　本单元由四个自主综合实训任务组成，每个任务由各岗位在厨房工作环境中配合，学生自主共同完成。

　　（1）依据"小型四川家宴菜单"给定的四道川味菜肴，通过小组合作，完成"小型四川家宴菜单"菜单背景样张的设计。

　　（2）依据"小型四川家宴菜单"给定的四道川味菜肴，通过小组合作，用已经掌握的成本核算知识计算出单一菜品成本。

　　（3）依据"小型四川家宴菜单"给定的四道川味菜肴，通过小组合作，咨询熟知四川风味小型家宴：干烧鱼、麻婆豆腐、清汤冬瓜燕、担担面制作过程、技术要求及川菜风味特点。

　　（4）依据"小型四川家宴菜单"给定的四道川味菜肴，合理进行岗位分工。

　　（5）依据"小型四川家宴菜单"给定的四道川味菜肴，通过小组合作，进行合理的餐具选择。

　　（6）依据"小型四川家宴菜单"给定的四道川味菜肴，合理进行岗位分工，协调配合完成四川风味小型家宴干烧鱼、麻婆豆腐、清汤冬瓜燕、担担面的制作。

（7）依据"小型四川家宴菜单"给定的四道川味菜肴，能够通过小组合作合理完成剩余材料的整理与保管。

任务一：川菜家宴的处理与烹制，是以综合训练为主的实训任务。本任务自主训练内容为"干烧鱼、麻婆豆腐、清汤冬瓜燕、五彩猫耳朵的处理与烹制"。

任务二：鲁菜家宴的处理与烹制，是以综合训练为主的实训任务。本任务自主训练内容为"粉蒸肉、素烧双冬、鸡脯豌豆羹、干烧伊府面的处理与烹制"。

任务三：苏菜家宴的处理与烹制，是以综合训练为主的实训任务。本任务自主训练内容为"扇面划水、香菇扒菜心、宋嫂鱼羹、扬州炒饭的处理与烹制"。

任务四：粤菜家宴的处理与烹制，是以综合训练为主的实训任务。本任务自主训练内容为"蚝油扒鱼腐、蒜茸芥蓝、清汆丸子、星洲炒米粉的处理与烹制"。

三、学习要求

本单元的学习任务要求要在与企业厨房生产环境一致的实训环境中完成。学生通过实际训练能够初步体验适应中厨房工作环境；能够按照各岗位工作流程基本完成开档和收档工作。能够按照各岗位工作流程运用中餐烹饪技术完成典型菜肴的制作，在工作中进一步强化成本意识、岗位意识、合作意识、安全意识和卫生意识，如表5-0-1所示。

表5-0-1 学习要求

阶段任务	阶段目标	教学内容	要求
家宴菜单组合菜肴练习并能完成中低档宴会菜肴的制作	1. 学生能熟练掌握宴会配菜知识 2. 4～6人一组能制作出一桌中档宴会 3. 掌握菜肴制作方法	1. 宴会菜单的编制 2. 成本核算 3. 岗位分工 4. 沟通合作 5. 规定金额的组合菜练习 6. 规定菜肴的组合菜练习 7. 以小组为单位进行综合实训	1. 每组菜肴组合是否合理 2. 菜肴成品是否达到评价标准 3. 原料是否合理使用

四、相关知识

中厨房岗位工作流程：

（1）进行各岗位开餐前的准备工作（餐饮行业叫作"开档"）。

各岗位所需工具准备齐全。

原料准备与组配——各岗位配合领取并加工备齐制作菜肴所需主料、配料和调料。

（2）按照工作任务进行川、鲁、苏、粤四个家宴菜单的处理与烹制。

（3）进行各岗位开餐后的收尾工作（餐饮行业叫作"收档"）。

依据小组分工对剩余的主料、配料、调料进行妥善保存；清理卫生，整理工作区域。

依据小组分工对工作区域的设备、工具进行清洗，所有物品经整理后归位原处，码放整齐。

厨余垃圾经分类后送到指定垃圾站点。

任务一 川菜家宴的处理与烹制

一、任务描述

[内容描述]

厨房接到小型宴会菜单，从挪威来到中国北京旅游一行四人，同学们需要为游客制作川菜风味小型家宴宴席一桌。进入炒锅厨房，通过打荷、上杂与炒锅岗位熟练配合，利用鲤鱼、豆腐、冬瓜、面条等原料，通过综合实训完成宴会的原料鉴别、成本核算、营养搭配，并运用相应的烹饪技法完成四川风味小型家宴干烧鱼、麻婆豆腐、清汤冬瓜燕、担担面等风味菜肴的制作。家宴要求符合川菜风味特点。

[学习目标]

（1）通过小组合作咨询熟知川菜风味特点。
（2）熟知原料鉴别知识。
（3）能够通过小组合作运用营养搭配、成本核算知识、宴会知识完成小型宴会菜单设计。
（4）能够通过小组合作熟练完成所用原材料的加工。
（5）能够通过小组合作运用"干烧、辣烧、清氽、水煮"的烹调技法制作菜肴。
（6）能够通过小组合作合理完成剩余材料的整理与保管。
（7）能够通过小组合作提高团队合作意识。

二、成品标准

1. 干烧鱼成品质量标准

此菜色泽红亮，口味咸鲜，香辣回甜，质感鲜嫩入味，成品周围有红油渗出，荤素搭配合理，如图 5-1-1 所示。

2. 麻婆豆腐成品质量标准

此菜色泽红亮，口味咸鲜香辣回甜，质感鲜嫩入味，成品周围有红油渗出，荤素搭配合理，如图 5-1-2 所示。

图 5-1-1　干烧鱼

图 5-1-2　麻婆豆腐

3．清汤冬瓜燕成品质量标准

此菜口味咸鲜，冬瓜燕是川宴清汤菜式传统名品，菜色素雅明快，汤汁清澈见底，瓜燕柔嫩软滑，不似燕菜，胜似燕菜，如图 5-1-3 所示。

4．担担面成品质量标准

风味特点：担担面的特点是面条筋道，臊子香酥，略有汤汁，鲜美爽口，微麻辣，如图 5-1-4 所示。

图 5-1-3　清汤冬瓜燕

图 5-1-4　担担面

三、相关知识

1．依据《小型四川家宴菜单》给定的四道川味菜肴，通过小组合作，完成《小型四川家宴菜单》背景样张的设计

《小型四川家宴菜单》评价标准如表 5-1-1 所示。

表 5-1-1　《小型四川家宴菜单》评价标准

单元	配分	评价标准
风味特点	15	符合
菜单结构	15	合理
营养搭配	10	均衡
成本控制	15	准确恰当
菜品数量	10	适合就餐人数
上菜程序	10	符合上菜顺序要求

单元	配分	评价标准
餐具使用	10	搭配合理，使用恰当，有创新
技法使用	10	技法不重复
菜单背景	5	美观典雅时尚

《小型四川家宴菜单》设计参考如图 5-1-5 所示。

图 5-1-5　小型四川家宴菜单

2．依据《小型四川家宴菜单》给定的四道川味菜肴，通过小组合作，用已经掌握的成本核算知识计算出单一菜品成本

成本如表 5-1-2 所示。

表 5-1-2　单一菜品成本核算表

菜肴名称：___干烧鱼___　　菜谱编号：___01___　　烹制份数：___1___
器皿规格：___27厘米鱼盘___　　烹制方法：___干烧___　　菜肴类别：___热菜___

原料名称	使用量	单价/（元·千克$^{-1}$）	小计/元
鲤鱼	750 克	8.60	
猪肥膘	50 克	14.00	
郫县豆瓣	25 克	16.00	
泡辣椒	25 克	12.00	
葱末	10 克	1.70	
姜末	20 克	6.00	
蒜末	10 克	5.70	
糖	5 克	6.00	
精盐	3 克	2.70	
料酒	50 毫升	4.00	
大豆色拉油	500 毫升	38.00	
味精	1 克	7.00	
米醋	5 毫升	8.00	
酱油	5 毫升	8.50	
合计成本			
每份成本			

注：本宴会菜单中的其他菜品也用此表分别核算成本。

3. 依据《小型四川家宴菜单》给定的四道川味菜肴，通过小组分工合作，咨询熟知四川风味小型家宴

熟悉干烧鱼、麻婆豆腐、清汤冬瓜燕、担担面制作过程、技术要求及川菜风味特点。

4. 依据《小型四川家宴菜单》给定的四道川味菜肴，合理进行岗位分工

工作任务指导书如表 5-1-3 所示。

表 5-1-3 "小型四川家宴的处理与烹制"工作任务指导书

班级_____ 组别_____ 主管_____ 监督员_____ 实训时间_____

任务名称		综合实训		任务名称	小型四川家宴的处理与烹制
组内职责分工	序号	岗位分工	姓名	职责分工	
	1	主管炒锅		根据家宴内容开档、烹制菜肴及收档（请查阅学习资料）	
	2	炒锅		根据家宴内容开档、烹制菜肴及收档（请查阅学习资料）	
	3	监督打荷		根据家宴内容进行打荷工作（请查阅学习资料）	
	4	上杂		根据家宴内容进行上杂工作（请查阅学习资料）	
	5	水台		根据家宴内容进行水台工作（请查阅学习资料）	
	6	砧板		根据家宴内容进行砧板工作（请查阅学习资料）	
	7				
	8				
工作任务实施步骤	1.				
	2.				
	3.				
	4.				
	5.				
	6.				
小组创意	菜肴本身：（关于菜肴本身口味、配料的变化）				
	菜肴盘饰：（关于其他装盘形式及餐具选用）				
批准实施	教师签字：				
备注	请参与任务相关人员提前做好本任务的资讯，并由主管组织认真填写本指导书				

5．依据《小型四川家宴菜单》给定的四道川味菜肴，通过小组合作，进行合理的餐具选择

6．依据《小型四川家宴菜单》给定的四道川味菜肴，合理进行岗位分工，协调配合完成四川风味小型家宴

完成干烧鱼、麻婆豆腐、清汤冬瓜燕、担担面的制作。

四、制作过程

（一）工具准备

（1）小组通过合作，按照《小型四川家宴菜单》任务要求进行上杂、打荷、炒锅开档工作。

（2）小组通过合作，按照《小型四川家宴菜单》工作任务需求准备常规工具。

（二）四川家宴制作过程

1．干烧鱼

（1）原料准备。

打荷岗位、上杂岗位与炒锅岗位配合领取并备齐干烧鱼所需主料、配料和调料，如表5-1-4、表5-1-5所示。

表5-1-4　准备热菜所需主料、配料

菜肴名称	份数	准备主料		准备配料		准备料头		盛器规格
		名称	数量/克	名称	数量/克	名称	数量/克	
干烧鱼	1	鲤鱼	750	猪肥膘	50	葱末	10	鱼盘
				郫县豆瓣	25	姜末	20	
				泡辣椒	25	蒜末	10	

表5-1-5　准备热菜调味（单一味型）——咸鲜味

调味品名	数量	口味要求
糖	5克	
精盐	3克	
料酒	50毫升	
毛汤	750毫升	口味咸鲜，鱼味浓郁
色拉油	500毫升	
味精	1克	
米醋	5毫升	
酱油	5毫升	
老抽	2毫升	

（2）菜肴组配过程。

①配菜组合：

打荷岗位完成配菜组合操作步骤如图5-1-6所示。

图5-1-6 配菜

②初步加工：

★鲤鱼去鳞、去内脏、去鳃鳍，清洗干净，并要去净其腹内黑膜，擦干水。大葱去老叶取葱白，老姜刮去皮，大蒜剥皮，洗净。泡红辣椒去蒂、籽备用。

技术要求：

鱼在初加工时，要将鱼体表面黑黏液"刮"掉。除去腹内的黑膜，冲净血水，这样可以达到去腥的目的。

★在鱼身两面斜剞上刀纹（刀距1厘米、刀深0.7厘米）

★用精盐、料酒抹遍全身，腌渍入味。

★葱白10克，切成豆瓣葱，其余葱和姜蒜均切末。泡红辣椒、郫县豆瓣剁成细末调匀。肥瘦肉切成1.4厘米见方的粒。泡红辣椒和郫县豆瓣剁碎，并用油调拌，以使其在烹调中易出色出香。豆瓣葱、肥膘肉、葱姜蒜末、泡红辣椒和郫县豆瓣末、鲤鱼分别放配菜器皿内。

（3）烹制菜肴。

炒锅岗位完成烹制成菜操作步骤如图5-1-7所示。

(a) (b)

图5-1-7 烹制

(a) 装盘；(b) 撒青蒜

① 炸鱼：用八成热油温旺火炸制。

② 炒勺烧热入油，下肥膘丁迅速煸散，下入辣酱，煸出红油和香味。

③ 下葱、姜、蒜，烹料酒，放入毛汤、精盐、味精、白糖、酱油、米醋大火烧开，放入炸好的鲤鱼，改小火烧制约15分钟。

④ 大火将汁收浓，取鱼装盘。

⑤ 余汁中火收浓撒青蒜推勺浇在鱼身上即成。

技术要点：

① 鱼宰杀时不要碰破苦胆，鱼要冲洗干净，去尽其腹内黑膜，泡红辣椒要取蒂、籽，不要冲洗，与郫县豆瓣辣酱一同剁细。

② 中国菜肴讲究内外入味，预先腌制是为了使食用时内外有味道，也是为了通过盐与酒的作用，在高温炸制时达到去腥提鲜的目的。

③ 炸油（宽油）烧至七八成热，入鱼炸至色金黄，鱼体挺实后捞出控油。

④ 在烹制中，原料下锅有先后顺序。故配菜时，应将原料分开放置，不要混掺，以免影响下道工序的操作。

⑤ 烧制时不可用手勺搅动，晃勺为主。中间应将鱼翻身一次（不要翻碎）。

⑥ 余汁中火收浓撒青蒜推勺，浇在鱼身上即成。出锅前，先将锅内菜肴略加颠掀，同时将铲插入菜肴下面，用铲将菜肴轻轻拖拉入盘，同时慢慢左移。

小贴士：

① 辣酱炒出红油和香味再放汤。

② 烧制时不可用手勺搅动，晃勺为主。

③ 鲜鱼炸制时间宜短，冻鱼稍长（可去腥）。

④ 烧鱼时汤汁以没鱼背鳍为准，不可过多。多用手勺浇于表面汤汁，使其入味成熟。

⑤ 中间应将鱼翻身一次（不要翻碎）。

⑥ 口味事先调好，不可后期再调。

⑦ 此菜讲究川料川味的正宗性。

⑧ 鱼也可改成抹刀块，即"瓦块鱼"。

⑨ 剞花刀时应避开鱼腹，否则炸时宜断、烧时宜碎。

⑩ 葱姜蒜量可稍大些，味足肉香。

（4）成品装盘与整理装饰。

炒锅与打荷共同完成。

技术要点：

保证卫生洁净，达到食用标准。

（5）评价标准。

干烧鱼的评价标准如表5-1-6所示。

表5-1-6　干烧鱼的处理与烹制工作任务评价标准

项目	配分	评价标准
刀工	20	四种辅料基本大小均匀，边长为2.5毫米方丁
口味	20	咸鲜，香辣回甜
色泽	10	浅棕红，色彩搭配丰富
汁（芡）量	20	成品盘底见油不见汁
火候	25	口感鲜嫩入味，鱼味厚重
装盘成形（鱼盘）	5	盘边无油迹，盘饰卫生，简洁美观

2．麻婆豆腐

（1）原料准备。

打荷岗位、上杂岗位与炒锅岗位配合领取并备齐麻婆豆腐所需主料、配料和调料，如表5-1-7、表5-1-8所示。

表5-1-7　准备热菜所需主料、配料

菜肴名称	份数	准备主料		准备配料		准备料头		盛器规格
		名称	数量/克	名称	数量/克	名称	数量/克	
麻婆豆腐	1	嫩豆腐	250	牛肉	70	葱末	10	8寸窝盘
				青蒜	25	姜末	20	

表5-1-8　准备热菜调味（单一味型）——咸鲜味

调味品名	数量	口味要求
糖	2克	
精盐	3克	
料酒	5毫升	
毛汤	200毫升	
色拉油	100毫升	
味精	1克	口味咸鲜，豉香浓郁
郫县豆瓣	25克	
酱油	10毫升	
花椒粉	2克	
豆豉	10克	
湿淀粉	20克	

（2）菜肴组配过程。

打荷岗位完成配菜组合操作步骤：

① 初步加工：将豆腐切成厚片。

② 初步加工：豆腐切成1.4厘米见方的丁。

③ 主料汆水：将豆腐放入加盐的沸水中，后捞出。

（3）烹制菜肴。

炒锅岗位完成烹制成菜操作步骤：

① 配菜组合（如图5-1-8所示）：

图5-1-8　配菜

豆腐丁、青蒜粒、郫县豆瓣末、豆豉末、葱姜末和牛肉粒分别放在配菜器皿内。

② 煸炒牛肉：炒锅置中火上，加入底油40克，烧至五六成热，放入牛肉粒研磨翻炒，烹料酒，煸至牛肉酥香后，盛入碗中。

③ 下入豆瓣与豆豉：在牛肉粒中下入豆豉和郫县豆瓣末。

④ 炒香葱姜：煸炒至油色变红，加入葱姜末，研磨翻炒出香味。

⑤ 添入毛汤、料酒、盐、味精、牛肉粒和豆腐丁，用小火烧至入味，再用水淀粉勾芡，待芡汁熟透发亮时，撒入青蒜粒用手勺轻轻推匀即可。

⑥ 菜肴采用（用铲子）"盛入法"装入器皿，如图5-1-9所示。

（a）　　　　　　　　　　　（b）

图5-1-9　烹制菜肴

(a) 装入器皿（一）；(b) 装入器皿（二）

技术要点：

① 牛肉要去尽筋膜，漂洗干净。豆腐不宜过大。郫县豆瓣剁细末后，用油搅拌滋润。

② 豆腐要煮透，使其紧实入味，并去尽豆腥味和石膏的涩味。

③ 在烹调中，因原料下锅有先后顺序，故应将原料分开放置，不要混放，以免影响下道工序的操作。

④ 炒花椒时不要用大火，并且勤翻动，如果将花椒炒黑，就失去了麻香的味道。

⑤ 牛肉要煸炒至酥香，出尽水分。

⑥ 煸炒郫县豆瓣和豆豉时，忌用旺火，要充分炒出香味至油色变红，防止粑锅。

⑦ 要用小火慢炒，把葱姜的香味炒出。

⑧ 要将主料轻轻掺拌均匀，因为中国菜讲究平衡和协调美，只有将主配料掺拌均匀，才可以在口味、色泽、香气上达到高度的协调和统一。装菜不可溢出盘边。

小贴士：

① 调料投放要恰当、适时、有序。

② 按一定规格调味，突出风味特点。

③ 根据原料性质兑制调料。

④ 选料豆腐新鲜软嫩，采用辣烧方法制作。

⑤ 豆腐在刀工处理上，要保持一致，利于原料成熟入味。

（4）成品装盘与整理装饰。

炒锅与打荷共同完成。

技术要点：

保证卫生洁净，达到食用标准。

（5）评价标准。

麻婆豆腐的评价标准如表 5-1-9 所示。

表 5-1-9 麻婆豆腐的处理与烹制工作任务评价标准

项目	配分	评价标准
刀工	20	主料基本大小均匀，边长为2.5毫米方丁
口味	20	咸鲜麻辣
色泽	10	红亮，色彩搭配丰富
汁（芡）量	20	成品盘底一指红油，略有汁芡
火候	25	口感鲜嫩入味，麻辣味厚重
装盘成形（鱼盘）	5	盘边无油迹，盘饰卫生，简洁美观

3．清汤冬瓜燕

（1）原料准备。

打荷岗位、上杂岗位与炒锅岗位配合领取并备齐清汤冬瓜燕所需主料、配料和调料，如表 5-1-10、表 5-1-11 所示。

表 5-1-10　准备热菜所需主料、配料

菜肴名称	份数	准备主料		准备配料		准备料头		盛器规格
		名称	数量/克	名称	数量/克	名称	数量/克	
清汤冬瓜燕	1	冬瓜	300	熟火腿	30	葱姜	15	9寸汤窝

表 5-1-11　准备热菜调味（单一味型）——咸鲜味

调味品名	数量	口味要求
味精	1克	口味咸鲜，口感嫩滑
精盐	2克	
清汤	1000毫升	
干淀粉	500克	

（2）菜肴组配过程。

打荷岗位完成配菜组合操作步骤：

① 初步加工：将萝卜上片出薄片。

② 初步加工：推刀切成梳子刀。

③ 主料加工：将切好的萝卜拍淀粉。

④ 主料氽水：将拍好淀粉的萝卜放入沸水中煮透。

（3）烹制菜肴。

炒锅岗位完成烹制成菜操作步骤：

① 煮制两分钟左右后捞出，放入凉水盆。

② 捞出后卷成圆柱形。

③ 将卷好的萝卜卷摆放在汤盅里。

④ 然后放入清汤八成满。

⑤ 将放好汤的菜品用保鲜膜包好。

⑥ 最后放入蒸锅，蒸制。

技术要点：

① 注重刀工，萝卜丝必须长短粗细整齐划一。

② 淀粉不可拍过厚。

③ 必须用高级清汤，上桌时可撒少许白胡椒粉。

小贴士：

保鲜膜要包好，否则蒸汽容易进入汤中，味道变淡。

（4）成品装盘与整理装饰。

炒锅与打荷共同完成。

技术要点：

保证卫生洁净，达到食用标准。

（5）评价标准。

清汤冬瓜燕的评价标准如表 5-1-12 所示。

表 5-1-12　清汤冬瓜燕的处理与烹制工作任务评价标准

项目	配分	评价标准
刀工	20	主料切成长 10 厘米的银针细丝
口味	20	咸鲜浓郁
色泽	10	晶莹剔透
汁（芡）量	20	汤汁润滑
火候	25	口感鲜嫩入味
装盘成形（鱼盘）	5	盘边无油迹，盘饰卫生，简洁美观

4．担担面

（1）原料准备。

打荷岗位、上杂岗位与炒锅岗位配合领取并备齐担担面所需主料、配料和调料，如表 5-1-13、表 5-1-14 所示。

表 5-1-13　准备热菜所需主料、配料

菜肴名称	份数	准备主料		准备配料		准备配料		盛器规格
		名称	数量/克	名称	数量	名称	数量/克	
担担面	1	面条	150	猪肉馅	50 克	芽菜	50	碗
				油菜心	3 棵	花生	20	
						香菜末	5	

表 5-1-14　准备热菜调味（单一味型）——咸鲜味

调味品名	数量	口味要求
香葱末	5 克	咸鲜、麻辣、微酸
葱末	25 克	
姜末	10 克	
蒜茸	10 克	
老抽	1 毫升	
香油	2 毫升	
猪油	5 克	
红油	15 毫升	
高汤	100 毫升	
米醋	10 毫升	
生抽	3 毫升	
料酒	3 毫升	
花椒油	3 毫升	

(2) 菜肴组配过程。

打荷岗位完成配菜组合操作步骤：

① 炒锅上火放入底油，放入猪肉馅炒散、炒干水分待用。

② 炒锅上火放入猪油，待猪油熔化后将葱、姜、蒜下锅爆香，再放入辣椒面炒出红油，放入芽菜、肉末煸炒，调入料酒、老抽、生抽、米醋，少许高汤，花椒面炒匀淋入香油即可。

③ 锅上火放入水烧开，将面条下入煮制八成熟，捞入碗中。

④ 油菜心焯熟待用。

⑤ 将碗中面条里倒入适量高汤，加入炒好的肉酱料、淋入红油，将焯熟的油菜心摆在四周，撒上香菜、香葱、花生即可。

(3) 成品装盘与整理装饰。

炒锅与打荷共同完成。

技术要点：

保证卫生洁净，达到食用标准。

风味特点：担担面的特点是面条筋道，臊子香酥，略有汤汁，鲜美爽口，微麻辣。

(4) 评价标准。

担担面的评价标准如表 5-1-15 所示。

表 5-1-15 担担面的处理与烹制工作任务评价标准

项目	配分	评价标准
刀工	20	面条直径 0.3 厘米
口味	20	咸鲜，微酸、微麻辣
色泽	10	汤汁红亮
汁（芡）量	20	汤汁适量，略低于面条表面
火候	25	面条筋道，臊子香酥
装盘成形（汤碗）	5	碗边无油迹，洁净、简洁美观

（三）按照岗位要求打荷、炒锅配合协作完成收档工作

收档工作如下：

依据小组分工对工作区域的设备、工具进行清洗，所有物品经整理后归位原处，码放整齐。各种用具、工具干净，无油腻、无污渍；炉灶清洁卫生，无异味；抹布应干爽、洁净，无油渍、污物，无异味。厨余垃圾经分类后送到指定垃圾站点。

收档程序：保管剩余原料，依据小组分工对剩余的主料、配料、调料进行妥善保存，容易变质的原料封保鲜膜放入0～4摄氏度冰箱保存→擦拭整理货架→清洁电器设备，及时清理灭蝇灯→清洁炉灶和工具→关闭燃气灶具→关闭燃气总开关→清洁工作台面和水池→清洁地面→关闭电源→关闭门窗。

任务二　鲁菜家宴的处理与烹制

一、任务描述

[内容描述]

厨房接到小型宴会菜单，由中国大饭店餐饮部和人事部面试中餐厨房岗位人员，同学们需要为用人单位制作鲁菜风味小型家宴的小型宴席一桌。进入炒锅厨房，通过打荷、上杂与炒锅岗位熟练配合，利用五花肉、鸡胸肉、冬笋、冬菇等原料，通过综合实训完成宴会的原料鉴别、成本核算、营养搭配，并运用相应的烹饪技法完成鲁菜风味小型家宴粉蒸肉、素烧双冬、鸡脯豌豆羹、干烧伊府面等风味菜肴的制作。家宴要求符合鲁菜特点。

[学习目标]

（1）通过小组合作咨询熟知鲁菜风味特点。
（2）熟知原料鉴别知识。
（3）能够通过小组合作运用营养搭配、成本核算知识、宴会知识完成小型宴会菜单设计。
（4）能够通过小组合作熟练掌握所用原材料的加工。
（5）能够通过小组合作运用"粉蒸、素烧、干烧、汤羹"的烹调技法制作菜肴。
（6）能够通过小组合作合理完成对处理后的剩余材料进行保管。
（7）能够通过小组合作提高团队合作意识。

二、成品标准

1．粉蒸肉成品质量标准

此菜口味咸鲜，回甜，造型独特，质感软糯酥烂，肥而不腻，具有粉蒸独特的香味，色彩丰富，荤素搭配合理，如图 5-2-1 所示。

2. 素烧双冬成品质量标准

此菜口味回甜,色泽红亮,质感鲜嫩,如图 5-2-2 所示。

图 5-2-1　粉蒸肉

图 5-2-2　素烧双冬

3. 鸡脯豌豆羹成品质量标准

此菜鸡脯洁白,质感软滑鲜嫩,如图 5-2-3 所示。

4. 干烧伊府面成品质量标准

此菜口味咸鲜,微甜,蚝油香气浓郁,色泽微红,质感爽滑筋道,如图 5-2-4 所示。

图 5-2-3　鸡脯豌豆羹

图 5-2-4　干烧伊府面

三、相关知识

1. 依据《鲁菜家宴菜单》给定的四道鲁味菜肴,通过小组合作,完成《鲁菜家宴菜单》背景样张的设计

鲁菜宴席评价标准如表 5-2-1 所示。

表 5-2-1　鲁菜家宴宴席设计评价标准

项目	配分	评价标准
风味特点	15	符合
菜单结构	15	合理
营养搭配	10	均衡
成本控制	15	准确恰当
菜品数量	10	适合就餐人数
上菜程序	10	符合上菜顺序要求
餐具使用	10	搭配合理,使用恰当,有创新

项目	配分	评价标准
技法使用	10	技法不重复
菜单背景	5	美观典雅时尚

《鲁菜家宴菜单》设计参考如图 5-2-5 所示。

图 5-2-5　鲁菜家宴菜单

2. 依据《鲁菜家宴菜单》给定的四道鲁味菜肴，通过小组合作，用已经掌握的成本核算知识计算出单一菜品成本

成本如表 5-2-2 所示。

表 5-2-2　单一菜品成本核算表

菜肴名称：　粉蒸肉　　菜谱编号：　01　　烹制份数：　1

器皿规格：　27厘米鱼盘　烹制方法：　干烧　　菜肴类别：　热菜

原料名称	使用量	单价/(元·千克$^{-1}$)	小计/元
五花肉	500 克	24.00	
大米	200 克	5.00	
花椒	25 克	16.00	
大料	25 克	16.00	
糯米	80 克	11.00	
葱姜末	20 克	3.00	
精盐	10 克	5.00	
白糖	5 克	6.00	
胡椒粉	3 克	2.00	
料酒	50 毫升	8.00	
酱油	20 毫升	8.00	
甜面酱	50 克	5.00	
腐乳汁	30 毫升	12.00	
味精	5 克	4.00	
合计成本			
每份成本			

注：本宴会菜单中的其他菜品也用此表分别核算成本。

3. 依据《鲁菜家宴菜单》给定的四道鲁味菜肴，通过小组分工合作，咨询熟知鲁菜风味小型家宴

熟悉粉蒸肉、素烧双冬、鸡脯豌豆羹、干烧伊府面制作过程、技术要求及鲁菜风味特点。

4. 依据《鲁菜家宴菜单》给定的四道鲁味菜肴，合理进行岗位分工

工作任务指导书如表 5-2-3 所示。

表 5-2-3 "鲁菜家宴的处理与烹制"工作任务指导书

班级_____ 组别_____ 主管_____ 监督员_____ 实训时间_____

任务名称		综合实训		任务名称	鲁菜家宴的处理与烹制
组内职责分工	序号	岗位分工	姓名	职责分工	
	1	主管炒锅		根据家宴内容开档、烹制菜肴及收档（请查阅学习资料）	
	2	炒锅		根据家宴内容开档、烹制菜肴及收档（请查阅学习资料）	
	3	监督打荷		根据家宴内容进行打荷工作（请查阅学习资料）	
	4	上杂		根据家宴内容进行上杂工作（请查阅学习资料）	
	5	水台		根据家宴内容进行水台工作（请查阅学习资料）	
	6	砧板		根据家宴内容进行砧板工作（请查阅学习资料）	
	7				
	8				
工作任务实施步骤	1.				
	2.				
	3.				
	4.				
	5.				
	6.				
小组创意	菜肴本身：（关于菜肴本身口味、配料的变化）				
	菜肴盘饰：（关于其他装盘形式及餐具选用）				
批准实施	教师签字：				
备注	请参与任务相关人员提前做好本任务的资讯，并由主管组织认真填写本指导书				

5．依据《鲁菜家宴菜单》给定的四道鲁味菜肴，通过小组合作，进行合理的餐具选择。

6．依据《鲁菜家宴菜单》给定的四道鲁味菜肴，合理进行岗位分工，协调配合完成鲁菜风味小型家宴。

完成粉蒸肉、素烧双冬、鸡脯豌豆羹、干烧伊府面的制作。

四、制作过程

（一）工具准备

（1）小组通过合作，按照《鲁菜家宴菜单》任务要求进行上杂、打荷、炒锅开档工作。

（2）小组通过合作，按照《鲁菜家宴菜单》工作任务需求准备常规工具。

（二）鲁菜家宴制作过程

1．粉蒸肉

（1）原料准备。

打荷岗位、上杂岗位与炒锅岗位配合领取并备齐粉蒸肉所需主料、配料和调料，如表5-2-4所示、表5-2-5所示。

表5-2-4 准备热菜所需主料、配料

菜肴名称	份数	准备主料		准备配料		准备料头		盛器规格
		名称	数量/克	名称	数量/克	名称	数量/克	
粉蒸肉	1	五花肉	500	大米	200	姜末	10	9寸圆盘
				花椒	25			
				大料	25	葱末	10	
				糯米	80			

表5-2-5 准备热菜调味（单一味型）——酱香味

调味品名	数量	口味要求
糖	5克	
精盐	10克	
胡椒粉	3克	
酱油	20毫升	口味咸鲜，酱香味浓郁
料酒	50毫升	
味精	5克	
甜面酱	50克	
腐乳汁	30毫升	

（2）菜肴组配过程。

打荷岗位完成配菜组合操作步骤如图 5-2-6 所示。

图 5-2-6　配菜

① 初步加工：将经过淘洗的大米晾干后直接下锅。

② 初步加工：将糯米、八角、花椒、桂皮放入锅内，用小火炒 15 分钟至菜呈金黄色。

③ 初步加工：待自然凉后将米放入打碎机（也可擀制）成米粉，即成五香蒸肉米粉。

④ 初步加工：将五花肉切成大片，大葱、生姜切成指甲片备用。

（3）烹制菜肴。

炒锅岗位完成烹制成菜操作步骤：

① 将甜面酱和上述所有称量过的调料一同放入盆中腌制。

② 然后放入切好的葱姜片。

③ 最后放入打碎的五香米粉。

④ 将所有东西放入后抓匀，在碗里码好然后上锅蒸制，如图 5-2-7 所示。

⑤ 蒸制 40 分钟左右即可，出锅后放上法香点缀，如图 5-2-8 所示。

图 5-2-7　蒸制

图 5-2-8　出锅

技术要点：

① 炒制米粉的时候，一定要小火，否则容易炒煳。

② 在腌制的时候，葱姜不要过早放入。

③ 在蒸制前，要在碗里一片一片地码好。

④ 选择五花肉时，最好挑选肥瘦均匀的，这样味道会更香。

⑤ 五花肉在切的时候，一定要薄厚均匀。

小贴士：

① 料的投放要恰当、适时、有序。

② 蒸制的时候用保鲜膜包好，否则容易进入过多水汽，使香味跑掉。

（4）成品装盘与整理装饰。

炒锅与打荷共同完成。

技术要点：

保证卫生洁净，达到食用标准。

（5）评价标准。

粉蒸肉的评价标准如表 5-2-6 所示。

表 5-2-6　粉蒸肉的处理与烹制工作任务评价标准

项目	配分	评价标准
刀工	20	肉片薄厚均匀
口味	20	米粉香味浓郁
色泽	10	红亮、枣红色
汁（芡）量	20	面上有一点点汁，不溢出
火候	25	肉质软烂，有口感
装盘成形（鱼盘）	5	盘边无油迹，盘饰卫生，简洁美观

2．素烧双冬

（1）原料准备。

打荷岗位、上杂岗位与炒锅岗位配合领取并备齐素烧双冬所需主料、配料和调料，如表 5-2-7 所示、表 5-2-8 所示。

表 5-2-7　准备热菜所需主料、配料

菜肴名称	份数	准备主料		准备配料		准备料头		盛器规格
		名称	数量/克	名称	数量/克	名称	数量/克	
素烧双冬	1	冬笋	250	小油菜	150	葱	50	9寸月光盘
		香菇	250			姜	50	

表 5-2-8 准备热菜调味（单一味型）——酱香味

调味品名	数量	口味要求
盐	5 克	口味咸鲜微甜，口感鲜嫩
淀粉	20 克	
生抽	15 毫升	
老抽	20 毫升	
香油	5 毫升	
料酒	20 毫升	
胡椒粉	5 克	
蚝油	15 毫升	

（2）菜肴组配过程。

打荷岗位完成配菜组合操作步骤如图 5-2-9 所示。

图 5-2-9 配菜

① 将香菇加入调味料、葱姜，放入整箱蒸制 20 分钟左右备用。

② 将油菜改刀冬笋去老皮后切成滚刀块，冬菇斜片一开二，葱姜切片备用。

③ 将冬笋用沸水煮开去除异味。

④ 把煮好的冬笋加入老抽拌匀。

（3）烹制菜肴。

炒锅岗位完成烹制成菜操作步骤：

① 把冬笋先放入油锅炸制，紧接着放进冬菇，待颜色金黄即可捞出。

② 捞出后，沥干油分。

③ 下入葱末、姜末，煸香后，下入冬菇、冬笋，继续煸炒，随后喷入料酒，下入清汤、精盐、白糖、酱油、胡椒粉、味精，用大火烧沸后，改小火烧入味。

④ 把焯过水的油菜心摆盘。

⑤ 见汤汁浓稠时，用水淀粉勾芡，淋入香油即成。

技术要点：

① 冬菇、冬笋切片时，要大小均匀以增加菜肴美观。

② 草菇、鲜蘑顶端切十字花刀，目的是使菜肴充分入味。

③ 水发冬菇用精盐少许揉捏，再用清水漂洗，细沙即净。

④ 勾芡时顶开冒泡，淀粉熟透，则明汁亮芡。

小贴士：

① 炸制冬笋的时候，老抽一定拌均匀，否则炸出来颜色不均匀。

② 冬菇在蒸制前一定要清洗干净里面的沙子。

（4）成品装盘与整理装饰。

炒锅与打荷共同完成。

技术要点：

保证卫生洁净，达到食用标准。

（5）评价标准。

素烧双冬的评价标准如表 5-2-9 所示。

表 5-2-9　素烧双冬的处理与烹制工作任务评价标准

项目	配分	评价标准
刀工	20	主配料切配均匀
口味	20	咸鲜回甜适口
色泽	10	色泽红亮
汁（芡）量	20	少许汁芡 均匀裹在菜肴上
火候	25	小火烧制入味
装盘成形（鱼盘）	5	盘边无油迹，盘饰卫生，简洁美观

3．鸡脯豌豆羹

（1）原料准备。

打荷岗位、上杂岗位与炒锅岗位配合领取并备齐鸡脯豌豆羹所需主料、配料和调料，如表 5-2-10、表 5-2-11 所示。

表 5-2-10　准备热菜所需主料、配料

菜肴名称	份数	准备主料		准备配料		准备料头		盛器规格
		名称	数量/克	名称	数量/克	名称	数量/克	
鸡脯豌豆羹	1	鸡胸肉	100	干贝	30	姜	10	9寸月光盘
				鲜豌豆	50	葱	10	

表 5-2-11　准备热菜调味（单一味型）——酱香味

调味品名	数量	口味要求
料酒	15 毫升	
精盐	10 克	
味精	5 克	
胡椒粉	10 克	口味咸鲜，口感爽滑
生油	500 毫升	
蛋清	200 克	
高汤	500 毫升	
淀粉	100 克	

（2）菜肴加工组配。

打荷岗位完成配菜组合操作步骤如图 5-2-10、图 5-2-11 所示。

图 5-2-10　制作鸡茸

图 5-2-11　滑鸡粒

① 初步加工：鸡肉去筋、膜、油，加入盐、味精、胡椒粉、葱姜水，用打碎机绞成茸状。

②初步加工：用手勺分多次将鸡泥盛入圆孔漏勺，用手勺背转圈碾入三成热油温中滑成鸡粒（如豌豆大），待完全漂起。

③初步加工：断生后捞入60摄氏度温水中浸泡，泡去多余油脂。

④初步加工：把干贝加水，葱姜蒸制后，拆成干贝丝备用。

（3）烹制菜肴。

炒锅岗位完成烹制成菜操作步骤如图5-2-12所示。

步骤一：锅中做水，放入青豆，小火煮开。

步骤二：其次，放入干贝和浸泡过的鸡肉。

步骤三：加入上述调料进行调味。

步骤四：加入盐、味精、胡椒粉，下入豌豆、鸡粒，大火烧开，勾芡至黏稠。

步骤五：烧开后，即可出菜。

图 5-2-12　烹制菜肴

技术要点：

①打鸡茸时，蛋清要分多次放入。

②勾芡的时候，要不停地用勺子搅动。

小贴士：

做这道菜，锅一定要干净，否则会有黑渣，影响菜品美观效果。

（4）成品装盘与整理装饰。

炒锅与打荷共同完成。

技术要点：

保证卫生洁净，达到食用标准。

（5）评价标准。

鸡脯豌豆羹的评价标准如表5-2-12所示。

表 5-2-12　鸡脯豌豆羹的处理与烹制工作任务评价标准

项目	配分	评价标准
刀工	20	主配料大小比例均匀
口味	20	口味咸鲜，口感滑嫩
色泽	10	色彩搭配丰富
汁（芡）量	20	汁芡稀稠适当
火候	25	火候适中，汤清不浑浊
装盘成形（汤盆）	5	盘边无油迹，盘饰卫生，简洁美观

4．干烧伊府面

（1）原料准备。

打荷岗位、上杂岗位与炒锅岗位配合领取并备齐干烧伊府面所需主料、配料和调料，如表 5-2-13、表 5-2-14 所示。

表 5-2-13　准备热菜所需主料、配料

菜肴名称	份数	准备主料		准备配料		准备配料		盛器规格
		名称	数量/克	名称	数量/克	名称	数量/克	
干烧伊府面	1	伊面	400	猪里脊	80	葱	10	9寸月光盘
				韭黄	40			
				冬菇	30	姜	10	
				虾仁	50			

表 5-2-14　准备热菜调味（单一味型）——酱香味

调味品名	数量	口味要求
蚝油	20毫升	口味咸鲜香回甜
老抽	10毫升	
料酒	10毫升	
精盐	10克	
味精	5克	
糖	5克	
胡椒粉	10克	
香油	5毫升	

（2）菜肴组配过程。

打荷岗位完成配菜组合操作步骤如图 5-2-13 所示。

图 5-2-13　配菜

① 初步加工：将所有主配料初加工准备好。

② 初步加工：锅中烧开水，将伊府面下锅打软备用。

③ 初步加工：将虾仁加盐、水淀粉、小苏打上浆。

④ 初步加工：猪里脊切 7 毫米长的丝肉丝加盐、水淀粉、清水、小苏打上浆。

（3）烹制菜肴。

炒锅岗位完成烹制成菜操作步骤如图 5-2-14、图 5-2-15 所示。

图 5-2-14　备料

图 5-2-15　炒制

步骤一：葱、姜切末，香菇切丝，韭黄切寸段。和上浆好的虾仁、肉丝备用。

步骤二：坐油烧至三四成热，入肉丝、虾仁。

步骤三：滑熟倒出控油。

步骤四：炒勺烧热入油，下葱、姜、香菇煸香。

步骤五：烹料酒，放入毛汤、精盐、味精、白糖、蚝油大火烧开，放入肉丝、虾仁，改小火将汁收浓（约 15 分钟），放老抽、香油，余汁大火收浓，撒韭黄，翻拌均匀即成。

技术要点：

① 配料炒出香味再放汤。

② 烧制时不可用手勺搅动，晃勺为主。

③ 烧面时汤汁以面条四分之一为准，不可过，用手勺浇于表面汤汁，使其入味。

④ 葱姜蒜量可稍大些，味足面香。

⑤ 口味事先调好，不可后期再调。

小贴士：

① 烧面时，老抽应最后点入，过早放，则面条乌黑不亮，口感发苦。

② 烧面的汤汁不宜收太干，否则不滑爽，有油腻感。

（4）成品装盘与整理装饰。

炒锅与打荷共同完成。

技术要点：

保证卫生洁净，达到食用标准。

（5）评价标准。

干烧伊府面的评价标准如表 5-2-15 所示。

表 5-2-15 干烧伊府面的处理与烹制工作任务评价标准

项目	配分	评价标准
刀工	20	配料切配均匀
口味	20	口味咸鲜香回甜
色泽	10	色泽金黄汁滋润
汁（芡）量	20	不汪汁、不汪油
火候	25	爽滑筋道
装盘成形（月光盘）	5	盘边无油迹，盘饰卫生，简洁美观

（三）按照岗位要求打荷、炒锅配合协作完成收档工作

收档工作如下：

依据小组分工对工作区域的设备、工具进行清洗，所有物品经整理后归位原处，码放整齐。各种用具、工具干净，无油腻、无污渍；炉灶清洁卫生，无异味；抹布应干爽、洁净，无油渍、污物，无异味。厨余垃圾经分类后送到指定垃圾站点。

收档程序：保管剩余原料→依据小组分工对剩余的主料、配料、调料进行妥善保存，容易变质的原料封保鲜膜放入0～4摄氏度冰箱保存→擦拭整理货架→清洁电器设备，及时清理灭蝇灯→清洁炉灶和工具→关闭燃气灶具→关闭燃气总开关→清洁工作台面和水池→清洁地面→关闭电源→关闭门窗

任务三 苏菜家宴的处理与烹制

一、任务描述

[内容描述]

厨房接到小型宴会菜单，是北京市职业院校中餐专业技能大赛选拔赛通知，同学们需要制作苏扬风味菜肴。进入炒锅厨房，通过打荷、上杂与炒锅岗位熟练配合，利用草鱼、香菇、叉烧肉、虾仁、大米等原料，通过综合实训完成宴会的原料鉴别、成本核算、营养搭配，并运用相应的烹饪技法完成苏菜风味小型家宴扇面划水、香菇扒菜心、宋嫂鱼羹、扬州炒饭等风味菜肴的制作。家宴要求符合苏菜特点。

[学习目标]

（1）通过小组合作咨询熟知苏菜风味特点。

（2）熟知原料鉴别知识。

（3）能够通过小组合作运用营养搭配、成本核算知识、宴会知识完成小型宴会菜单设计。

（4）能够通过小组合作熟练掌握完成所用原材料的加工。

（5）能够通过小组合作运用"红烧、扒、炒、汤羹"的烹调技法制作菜肴。

（6）能够通过小组合作合理完成对处理后的剩余材料进行保管。

（7）能够通过小组合作提高团队合作意识。

二、成品标准

1. 扇面划水成品质量标准

此菜色泽红亮，口味咸鲜回甜，质感鲜嫩，荤素搭配合理，如图 5-3-1 所示。

图 5-3-1　扇面划水

2. 香菇扒菜心成品质量标准

此菜油菜碧绿，质感鲜嫩，香菇红亮，如图 5-3-2 所示。

图 5-3-2　香菇扒菜心

3. 宋嫂鱼羹成品质量标准

此菜口味咸鲜，微酸辣，汤色微红清亮，口感滑嫩，如图 5-3-3 所示。

图 5-3-3　宋嫂鱼羹

4. 扬州炒饭成品质量标准

此菜色彩丰富，米饭洁白，口味咸鲜，质感爽滑鲜嫩，米饭粒粒松散，不结团，如图 5-3-4 所示。

图 5-3-4　扬州炒饭

三、相关知识

1. 依据《苏菜家宴菜单》给定的四道苏味菜肴，通过小组合作，完成《苏菜家宴菜单》背景样张的设计

苏菜家宴评价标准如表 5-3-1 所示。

表 5-3-1　苏菜家宴设计评价标准

项目	配分	评价标准
风味特点	15	符合
菜单结构	15	合理
营养搭配	10	均衡
成本控制	15	准确恰当
菜品数量	10	适合就餐人数
上菜程序	10	符合上菜顺序要求
餐具使用	10	搭配合理，使用恰当，有创新
技法使用	10	技法不重复
菜单背景	5	美观典雅时尚

《苏菜家宴菜单》设计参考如图 5-3-5 所示。

图 5-3-5　苏菜家宴菜单

2. 依据《苏菜家宴菜单》给定的四道苏味菜肴，通过小组合作，用已经掌握的成本核算知识计算出单一菜品成本

成本如表 5-3-2 所示。

表 5-3-2　单一菜品成本核算表

菜肴名称：__扇面划水__　　菜谱编号：__01__　　烹制份数：__1__
器皿规格：__9 寸鱼盘__　　烹制方法：__红烧__　　菜肴类别：__热菜__

原料名称	使用量	单价/（元·千克$^{-1}$）	小计/元
草鱼	750 克	12.00	
猪肉	100 克	24.00	
香菇	30 克	30.00	
冬笋	30 克	15.00	
葱	10 克	8.00	
姜	10 克	8.00	
蒜	10 克	8.00	
料酒	20 毫升	4.00	
精盐	15 克	6.00	
味精	5 克	5.00	
生油	500 毫升	80.00	
酱油	15 毫升	6.00	
糖	10 克	6.00	
毛汤	200 毫升	2.00	
胡椒粉	10 克	2.00	
红曲	20 克	8.00	
合计成本			
每份成本			

注：本宴会菜单中的其他菜品也用此表分别核算成本。

3. 依据《苏菜家宴菜单》给定的四道苏味菜肴，通过小组分工合作，咨询熟知苏菜风味小型家宴

熟悉扇面划水、香菇扒菜心、宋嫂鱼羹、扬州炒饭制作过程、技术要求及苏菜风味特点。

4. 依据《苏菜家宴菜单》给定的四道苏味菜肴，合理进行岗位分工

工作任务指导书如表 5-3-3 所示。

表 5-3-3 "苏菜家宴的处理与烹制"工作任务指导书

班级_____ 组别_____ 主管_____ 监督员_____ 实训时间_____

任务名称			综合实训		任务名称	苏菜家宴的处理与烹制
组内职责分工	序号	岗位分工	姓名		职责分工	
	1	主管炒锅			根据家宴内容开档、烹制菜肴及收档（请查阅学习资料）	
	2	炒锅			根据家宴内容开档、烹制菜肴及收档（请查阅学习资料）	
	3	监督打荷			根据家宴内容进行打荷工作（请查阅学习资料）	
	4	上杂			根据家宴内容进行上杂工作（请查阅学习资料）	
	5	水台			根据家宴内容进行水台工作（请查阅学习资料）	
	6	砧板			根据家宴内容进行砧板工作（请查阅学习资料）	
	7					
	8					
工作任务实施步骤	1.					
	2.					
	3.					
	4.					
	5.					
	6.					
小组创意	菜肴本身：（关于菜肴本身口味、配料的变化）					
	菜肴盘饰：（关于其他装盘形式及餐具选用）					
批准实施	教师签字：					
备注	请参与任务相关人员提前做好本任务的资讯，并由主管组织认真填写本指导书					

5. 依据《苏菜家宴菜单》给定的四道苏味菜肴，通过小组合作，进行合理的餐具选择

6. 依据《苏菜家宴菜单》给定的四道苏味菜肴，合理进行岗位分工，协调配合完成苏菜风味小型家宴

完成扇面划水、香菇扒菜心、宋嫂鱼羹、扬州炒饭的制作。

四、制作过程

（一）工具准备

（1）小组通过合作，按照《苏菜家宴菜单》任务要求进行上杂、打荷、炒锅开档工作。

（2）小组通过合作，按照《苏菜家宴菜单》工作任务需求准备常规工具。

（二）苏菜家宴制作过程

1．扇面划水

（1）原料准备。

打荷岗位、上杂岗位与炒锅岗位配合领取并备齐扇面划水所需主料、配料和调料，如表 5-3-4、表 5-3-5 所示。

表 5-3-4　准备热菜所需主料、配料

菜肴名称	份数	准备主料		准备配料		准备料头		盛器规格
		名称	数量/克	名称	数量/克	名称	数量/克	
扇面划水	1	草鱼	750	猪肉	100	葱	10	9寸鱼盘
				香菇	30	姜	10	
				冬笋	30	蒜	10	

表 5-3-5　准备热菜调味（单一味型）——酱香味

调味品名	数量	口味要求
料酒	20毫升	口味咸鲜微甜
精盐	15克	
味精	5克	
生油	500毫升	
酱油	15毫升	
糖	10克	
毛汤	200毫升	
胡椒粉	10克	
红曲	20克	

（2）菜肴组配过程。

打荷岗位完成配菜组合操作步骤，如图 5-3-6、图 5-3-7 所示。

① 初步加工：准备好所需原材料。

② 初步加工：鱼尾改刀成拇指粗的长条，尾部不断。

③ 初步加工：锅中做水，加入红曲米煮开，过细箩，弃米水待用。

④ 初步加工：葱、姜切段、块，香菇、冬笋、猪肉切薄片。

图 5-3-6　切鱼

图 5-3-7　配菜

（3）烹制菜肴。

炒锅岗位完成烹制成菜操作步骤如图 5-3-8 所示。

① 锅中烧油将配料滑透，捞出控油，下香菇、冬笋、猪肉迅速煸散，煸出香味，下葱、姜。

② 烹料酒，放入毛汤、精盐、味精、白糖、酱油，大火烧开，用红曲调色。

③ 炒勺烧热入油，大火下入鱼条（鱼条整齐排列），两面略煎后放入锅中。

④ 改小火将汁收浓（约 15 分钟）。

图 5-3-8　烹制

⑤ 将配料捞出点在出菜盘底，取鱼装盘盖在配料上，摆成扇形，余汁大火收浓，勾芡点香油，推匀浇在鱼身上即成（可点缀香菜）。

技术要点：

① 配料小料煸出香味再放汤。

② 烧制时不可用手勺搅动，晃勺为主。

③ 鲜鱼煎制时间宜短，冻鱼稍长（可去腥）。

④ 烧鱼时，汤汁以没过鱼背鳍为准，不可过多。多用手勺浇于鱼。

⑤表面汤汁，使其入味成熟。中间应将鱼翻一次身。

小贴士：

①口味事先调好，不可后期再调。

②红曲适量，不可过多，葱、姜量可稍大些，味足肉香。

（4）成品装盘与整理装饰。

炒锅与打荷共同完成。

技术要点：

保证卫生洁净，达到食用标准。

（5）评价标准。

扇面划水的评价标准如表5-3-6所示。

表5-3-6 扇面划水的处理与烹制工作任务评价标准

项目	配分	评价标准
刀工	20	均匀适当
口味	20	口味咸鲜香回甜
色泽	10	色泽金红，汤汁滋润
汁（芡）量	20	周围有少量汤汁渗出
火候	25	小火烧制，使汤汁渗入主料内
装盘成形（鱼盘）	5	盘边无油迹，盘饰卫生，简洁美观

2．香菇扒菜心

（1）原料准备。

打荷岗位、上杂岗位与炒锅岗位配合领取并备齐香菇扒菜心所需主料、配料和调料，如表5-3-7、表5-3-8所示。

表5-3-7 准备热菜所需主料、配料

菜肴名称	份数	准备主料		准备配料		准备料头		盛器规格
		名称	数量/克	名称	数量/克	名称	数量/克	
香菇扒菜心	1	菜心	300	香菇	100	葱	10	9寸月光盘
						姜	5	

表 5-3-8 准备热菜调味（单一味型）——酱香味

调味品名	数量	口味要求
鸡汤	150 毫升	
葱油	20 毫升	
黄酒	3 毫升	
蚝油	10 毫升	
胡椒粉	3 克	香菇红亮，口味咸鲜
盐	3 克	
鸡粉	5 克	
水淀粉	5 克	
香油	3 毫升	
老抽	3 毫升	

（2）菜肴组配过程。

打荷岗位完成配菜组合操作步骤如图 5-3-9 所示。

图 5-3-9 配菜

① 初步加工：油菜心外部老叶子掰掉，根部削尖。

② 初步加工：将香菇、油菜心洗净备用。

③ 初步加工：水发香菇放入鸡汤、葱段、姜片、黄酒、蚝油，上锅煨制。

④ 初步加工：烧开后，大约 15 分钟后可以出锅备用。

（3）烹制菜肴。

炒锅岗位完成烹制成菜操作步骤：

① 烧开水，加入少许盐和色拉油。

② 放入油菜心焯一下，捞出。

③ 热锅下入葱油，倒入香菇烹黄酒翻炒，加鸡汤、蚝油、盐、白糖、胡椒粉、鸡粉、香油烧 1 分钟，点老抽，水淀粉勾芡打明油出锅。

④ 摆入盘中成扇形。

⑤ 将香菇整齐盛在油菜心叶子的一端即可（如图 5-3-10 所示）。

图 5-3-10　装盘

技术要点：

① 油菜心、香菇大小均匀完整。

② 香菇蒸制涨发前要取出根蒂，并反复清洗干净，不可有泥沙、杂质。

③ 烧香菇最后要将汤收浓，以刚好裹住香菇为好。

小贴士：

盐要少放，因为蚝油较咸。

（4）成品装盘与整理装饰。

炒锅与打荷共同完成。

技术要点：

保证卫生洁净，达到食用标准。

（5）评价标准。

香菇扒菜心的评价标准如表 5-3-9 所示。

表 5-3-9　香菇扒菜心的处理与烹制工作任务评价标准

项目	配分	评价标准
刀工	20	均匀适当
口味	20	口味咸鲜
色泽	10	油菜碧绿，香菇红亮
汁（芡）量	20	菜肴上挂有少量汁芡
火候	25	大小适当
装盘成形（鱼盘）	5	盘边无油迹，盘饰卫生，简洁美观

3．宋嫂鱼羹

（1）原料准备。

打荷岗位、上杂岗位与炒锅岗位配合领取并备齐宋嫂鱼羹所需主料、配料和调料，如表 5-3-10、表 5-3-11 所示。

表 5-3-10　准备热菜所需主料、配料

菜肴名称	份数	准备主料		准备配料		准备配料		盛器规格
		名称	数量/克	名称	数量/克	名称	数量/克	
宋嫂鱼羹	1	桂鱼	600	冬笋	30	葱	10	9寸汤盘
				火腿	10	姜	10	
				香菇	20	蒜	10	

表 5-3-11　准备热菜调味（单一味型）——酱香味

调味品名	数量	口味要求
绍酒	30 毫升	咸鲜微酸辣
酱油	25 毫升	
熟笋	25 克	
精盐	2.5 克	
醋	25 毫升	
鸡蛋黄	150 克	
味精	5 克	
湿淀粉	30 克	
清汤	250 毫升	
胡椒粉	3 克	

（2）菜肴组配过程。

打荷岗位完成配菜组合操作步骤如图 5-3-11～图 5-3-13 所示。

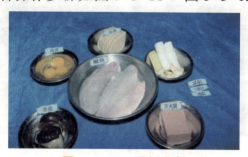

图 5-3-11　原料准备

① 初步加工：准备好所需的主配料。

② 初步加工：将鱼肉皮朝下放在盆中，加入葱段 10 克，姜块、绍酒 15 毫升，精盐 1 克腌制。

图 5-3-12　腌制鱼肉

③ 初步加工：上蒸笼用旺火蒸 6 分钟取出，拣去葱段、姜块，卤汁滗在碗中，把鱼肉拨碎，除去皮、骨，倒回原卤汁碗中。

图 5-3-13　配菜

④ 初步加工：将鱼肉、熟火腿、熟笋、香菇均切成 1.5 厘米长的细丝，鸡蛋黄打散，加入盐、味精、料酒、水淀粉调味，吊成蛋皮，切丝备用。

（3）烹制菜肴。

炒锅岗位完成烹制成菜操作步骤如图 5-3-14 所示。

图 5-3-14　烹制菜肴

① 锅中做水烧开后下入冬笋丝，加入少许盐，焯熟后捞出。
② 锅中放入鸡汤然后放入熟冬笋丝和火腿丝。
③ 汤汁煮沸后，将鱼肉连同原汁落锅，加入酱油、精盐搅匀，待羹汁再沸时，加入醋后勾芡。
④ 关火后加入葱丝、姜丝、胡椒粉出锅。
⑤ 最后点几滴香油和香菜即可。

技术要点：
① 鱼蒸熟后要原条平放，用竹筷顺丝剔出大块鱼肉，并将鱼刺剔尽。
② 用旺火将鱼蒸熟，时间不可太长，否则鱼身支离，刺难拣尽。

小贴士：
葱丝、姜丝不可提前放入。

（4）成品装盘与整理装饰。
炒锅与打荷共同完成。

技术要点：
保证卫生洁净，达到食用标准。

（5）评价标准。
宋嫂鱼羹的评价标准如表 5-3-12 所示。

表 5-3-12　宋嫂鱼羹的处理与烹制工作任务评价标准

项目	配分	评价标准
刀工	20	均匀适当
口味	20	咸鲜微酸辣
色泽	10	微红亮
汁（芡）量	20	薄芡
火候	25	火候适当
装盘成形（鱼盘）	5	盘边无油迹，盘饰卫生，简洁美观

4．扬州炒饭

（1）原料准备。

打荷岗位、上杂岗位与炒锅岗位配合领取并备齐扬州炒饭所需主料、配料和调料，如表 5-3-13、表 5-3-14 所示。

表 5-3-13 准备热菜所需主料、配料

菜肴名称	份数	准备主料		准备配料		准备配料		盛器规格
		名称	数量/克	名称	数量/克	名称	数量/克	
扬州炒饭	1	大米	300	叉烧	50	葱	10	9寸月光盘
				虾仁	50			
				青菜	30	姜	10	
				鸡蛋	100			

表 5-3-14 准备热菜调味（单一味型）——酱香味

调味品名	数量	口味要求
精盐	5克	咸鲜爽口
味精	3克	
胡椒粉	3克	
香油	5毫升	

（2）菜肴组配过程。

打荷岗位完成配菜组合操作步骤如图 5-3-15、图 5-3-16 所示。

图 5-3-15 捞饭

图 5-3-16 捞入屉中

① 初步加工：捞饭。坐大盆开水，下入淘好大米，手勺轻推水，使米不停转动，避免沉底粑锅，待水开时，用手捏或尝，感到米中有一点硬心时即可。

② 初步加工：捞入蒸屉中。

③ 初步加工：大火蒸 15 分钟即可，用手掰散。

④ 初步加工：叉烧切黄豆粒大的丁。

（3）烹制菜肴。

炒锅岗位完成烹制成菜操作步骤如图 5-3-17～图 5-3-19 所示。

图 5-3-17 备料

① 虾仁洗净,青菜梗切豆粒,葱切米、鸡蛋打碎。

② 将虾仁和叉烧用五成油温滑透控出。

③ 炒勺用油涮好烧热,放适量底油,热时倒入蛋液,迅速搅拌至断生,下米饭。

图 5-3-18 搅拌

④ 然后下入葱花、盐、味精、胡椒粉,拌均匀,大火翻拌,再下入配料。

图 5-3-19 大火翻炒

⑤ 翻拌均匀,炒出香味即可装盘。

技术要点:

① 捞饭火候要恰到好处,否则不宜煸散。

② 轻轻推动水,使米不停转动,避免沉底粑锅。

小贴士:

口味清淡,鸡蛋不可上色,味精适量。

(4)成品装盘与整理装饰。

炒锅与打荷共同完成。

技术要点：

保证卫生洁净，达到食用标准。

（5）评价标准。

扬州炒饭的评价标准如表 5-3-15 所示。

表 5-3-15　扬州炒饭的处理与烹制工作任务评价标准

项目	配分	评价标准
刀工	20	切配均匀
口味	20	咸鲜爽口
色泽	10	鲜艳，能引起人的食欲
汁（芡）量	20	无汁无芡
火候	25	鸡蛋金黄不煳、米饭洁白、粒粒松散不结团
装盘成形（鱼盘）	5	盘边无油迹，盘饰卫生，简洁美观

（三）按照岗位要求打荷、炒锅配合协作完成收档工作

收档工作如下：

依据小组分工对工作区域的设备、工具进行清洗，所有物品经整理后归位原处，码放整齐。各种用具、工具干净，无油腻、无污渍；炉灶清洁卫生，无异味；抹布应干爽、洁净，无油渍、污物，无异味。厨余垃圾经分类后送到指定垃圾站点。

> 收档程序：保管剩余原料→依据小组分工对剩余的主料、配料、调料进行妥善保存→容易变质的原料封保鲜膜放入 0～4 摄氏度冰箱保存→擦拭整理货架→清洁电器设备，及时清理灭蝇灯→清洁炉灶和工具→关闭燃气灶具→关闭燃气总开关→清洁工作台面和水池→清洁地面→关闭电源→关闭门窗

任务四 粤菜家宴的处理与烹制

一、任务描述

[内容描述]

厨房接到小型宴会菜单,京台两地少年厨王争霸赛,同学们需要制作粤菜风味菜肴。进入炒锅厨房,通过打荷、上杂与炒锅岗位熟练配合,利用草鱼、芥蓝、肉馅、米粉等原料,通过综合实训完成宴会的原料鉴别、成本核算、营养搭配,并运用相应的烹饪技法完成粤菜风味小型家宴蚝油扒鱼腐、蒜茸芥蓝、清氽丸子、星洲炒米粉等风味菜肴的制作。家宴要求符合粤菜特点。

[学习目标]

（1）通过小组合作咨询熟知粤菜风味特点。
（2）熟知原料鉴别知识。
（3）能够通过小组合作运用营养搭配、成本核算知识、宴会知识完成小型宴会菜单设计。
（4）能够通过小组合作熟练掌握完成所用原材料的加工。
（5）能够通过小组合作运用"扒、炒、氽"的烹调技法制作菜肴。
（6）能够通过小组合作合理完成对处理后的剩余材料进行保管。
（7）能够通过小组合作提高团队合作意识。

二、成品标准

1. 蚝油扒鱼腐成品质量标准

此菜色泽黄亮,口味咸鲜回甜,耗油香气浓郁,质感软嫩入味,如图5-4-1所示。

图5-4-1 耗油扒鱼腐

2. 蒜茸芥蓝成品质量标准

此菜蒜香浓郁，具有色泽翠绿、口感清爽脆嫩的特点，如图 5-4-2 所示。

图 5-4-2　蒜茸芥蓝

3. 清氽丸子成品质量标准

此菜口味咸鲜，具有鲜嫩可口、肉丸弹性十足的特点，如图 5-4-3 所示。

图 5-4-3　清氽丸子

4. 星洲炒米粉成品质量标准

此菜口味咸鲜微辣，咖喱香气浓郁，具有东南亚独特的饮食风味，色彩丰富，荤素搭配合理，如图 5-4-4 所示。

图 5-4-4　星洲炒米粉

三、相关知识

1. 依据《粤菜家宴菜单》给定的四道粤味菜肴，通过小组合作，完成《粤菜家宴菜单》背景样张的设计

粤家菜宴评价标准如表 5-4-1 所示。

表 5-4-1 粤家菜宴设计评价标准

单元	配分	评价标准
风味特点	15	符合
菜单结构	15	合理
营养搭配	10	均衡
成本控制	15	准确恰当
菜品数量	10	适合就餐人数
上菜程序	10	符合上菜顺序要求
餐具使用	10	搭配合理，使用恰当，有创新
技法使用	10	技法不重复
菜单背景	5	美观典雅时尚

《粤菜家宴菜单》设计参考如图 5-4-5 所示。

图 5-4-5 粤菜家宴菜单

2．依据《粤菜家宴菜单》给定的四道粤味菜肴，通过小组合作，用已经掌握的成本核算知识计算出单一菜品成本

成本如表 5-4-2 所示。

表 5-4-2 单一菜品成本核算表

菜肴名称：__蚝油扒鱼腐__　菜谱编号：__01__　烹制份数：__1__
器皿规格：__27厘米鱼盘__　烹制方法：__扒__　菜肴类别：__热菜__

原料名称	使用量	单价/（元·千克$^{-1}$）	小计/元
鱼肉	500 克	12.00	
油菜心	200 克	4.00	

续表

原料名称	使用量	单价/（元·千克$^{-1}$）	小计/元
葱	10 克	2.00	
姜	10 克	2.00	
蒜	10 克	2.00	
蚝油	10 毫升	4.00	
老抽	5 毫升	5.00	
料酒	10 毫升	2.00	
精盐	5 克	3.00	
味精	3 克	5.00	
胡椒粉	5 克	2.00	
毛汤	50 毫升	2.00	
湿淀粉	10 克	1.00	
香油	5 毫升	1.00	
生油	500 毫升	38.00	
鸡蛋	200 克	12.00	
面粉	150 克	8.00	
合计成本			
每份成本			

注：本宴会菜单中的其他菜品也用此表分别核算成本。

3. 依据《粤菜家宴菜单》给定的四道粤味菜肴，通过小组分工合作，咨询熟知粤菜风味小型家宴

熟悉蚝油扒鱼腐、蒜茸芥蓝、清汆丸子、星洲炒米粉制作过程、技术要求及粤菜风味特点。

4. 依据《粤菜家宴菜单》给定的四道粤味菜肴，合理进行岗位分工

工作任务指导书如表 5-4-3 所示。

表 5-4-3 "粤家菜宴的处理与烹制"工作任务指导书

班级_____ 组别_____ 主管_____ 监督员_____ 实训时间_____

任务名称		综合实训		任务名称	粤菜家宴的处理与烹制
组内职责分工	序号	岗位分工	姓名	职责分工	
	1	主管炒锅		根据家宴内容开档、烹制菜肴及收档（请查阅学习资料）	
	2	炒锅		根据家宴内容开档、烹制菜肴及收档（请查阅学习资料）	
	3	监督打荷		根据家宴内容进行打荷工作（请查阅学习资料）	
	4	上杂		根据家宴内容进行上杂工作（请查阅学习资料）	
	5	水台		根据家宴内容进行水台工作（请查阅学习资料）	
	6	砧板		根据家宴内容进行砧板工作（请查阅学习资料）	
	7				
	8				
工作任务实施步骤	1. 2. 3. 4. 5. 6.				
小组创意	菜肴本身：（关于菜肴本身口味、配料的变化）				
	菜肴盘饰：（关于其他装盘形式及餐具选用）				
批准实施	教师签字：				
备注	请参与任务相关人员提前做好本任务的资讯，并由主管组织认真填写本指导书				

5. 依据《粤菜家宴菜单》给定的四道粤味菜肴，通过小组合作，进行合理的餐具选择

6. 依据《粤菜家宴菜单》给定的四道粤味菜肴，合理进行岗位分工，协调配合完成粤菜风味小型家宴

完成蚝油扒鱼腐、蒜茸芥蓝、清汆丸子、星洲炒米粉的制作。

四、制作过程

（一）工具准备

（1）小组通过合作，按照《粤菜家宴菜单》任务要求进行上杂、打荷、炒锅开档工作。

（2）小组通过合作，按照《粤菜家宴菜单》工作任务需求准备常规工具。

（二）粤菜家宴制作过程

1. 蚝油扒鱼腐

（1）原料准备。

打荷岗位、上杂岗位与炒锅岗位配合领取并备齐蚝油扒鱼腐所需主料、配料和调料，如表5-4-4、表5-4-5所示。

表5-4-4 准备热菜所需主料、配料

菜肴名称	份数	准备主料		准备配料		准备料头		盛器规格
		名称	数量/克	名称	数量/克	名称	数量/克	
蚝油扒鱼腐	1	鱼肉	500	油菜心	200	葱	10	月光盘
						姜	10	
						蒜	10	

表5-4-5 准备热菜调味（单一味型）——酱香味

调味品名	数量	口味要求
蚝油	10毫升	口味咸鲜微甜
老抽	5毫升	
料酒	10毫升	
精盐	5克	
味精	3克	
胡椒粉	5克	

续表

调味品名	数量	口味要求
毛汤	50 毫升	口味咸鲜微甜
湿淀粉	10 克	
香油	5 毫升	
生油	500 毫升	
鸡蛋	200 克	
面粉	150 克	

（2）菜肴组配过程。

打荷岗位完成配菜组合操作步骤如图 5-4-6 所示。

① 初步加工：鱼肉洗净去皮、刺。

② 初步加工：将鱼肉切成块方便于打碎。

③ 初步加工：鱼肉洗净去皮、刺，用搅拌机打成细茸——放入盆中。

④ 初步加工：鱼茸中加入料酒、盐、生粉、味精，搅拌摔打成鱼胶。

图 5-4-6　配菜

（3）烹制菜肴。

炒锅岗位完成烹制成菜操作步骤如图 5-4-7 所示。

步骤一：
将鱼腐用小勺制成鱼丸。

步骤二：
入宽油炸熟（三成热）。

步骤三：
炸至金黄色后捞出备用。

图 5-4-7　烹制

① 炒勺上火入底油——下葱、姜、蒜片煸香。

② 烹料酒、毛汤——加入调料（蚝油、料酒、精盐、糖、味精、胡椒粉）、鱼腐——小火扒3～4分钟即可出锅。

技术要点：

① 鱼胶上劲出胶后，才能加入鸡蛋。

② 汤味浓厚，不可用清水。

③ 汤量合适，油不宜多。

④ 火候掌握恰当。

⑤ 口味清淡，成菜要卫生，洁净无杂物。

小贴士：

色泽要碧绿金红，口味咸鲜微甜，蚝油味浓，口感软嫩，汤汁较多，营养丰富。

（4）成品装盘与整理装饰。

炒锅与打荷共同完成。

技术要点：

保证卫生洁净，达到食用标准。

（5）评价标准。

蚝油扒鱼腐的评价标准如表5-4-6所示。

表5-4-6　蚝油扒鱼腐的处理与烹制工作任务评价标准

项目	配分	评价标准
刀工	20	鱼肉加工细腻无刺，鱼腐直径3厘米
口味	20	口味咸鲜微甜
色泽	10	色泽碧绿黄亮
汁（芡）量	20	汤汁较多
火候	25	口感软嫩
装盘成形（鱼盘）	5	盘边无油迹，盘饰卫生，简洁美观

2．蒜茸芥蓝

（1）原料准备。

打荷岗位、上杂岗位与炒锅岗位配合领取并备齐蒜茸芥蓝所需主料、配料和调料，如表5-4-7、表5-4-8所示。

表 5-4-7　准备热菜所需主料、配料

菜肴名称	份数	准备主料		准备配料		盛器规格
		名称	数量/克	名称	数量/克	
蒜茸芥蓝	1	芥蓝	500	大蒜	50	9寸月光盘

表 5-4-8　准备热菜调味（单一味型）——蒜香味

调味品名	数量	口味要求
盐	15克	
糖	10克	
味精	5克	咸鲜，蒜香味浓郁
鸡汤	30毫升	
水淀粉	10克	

（2）菜肴组配过程。

打荷岗位完成配菜组合操作步骤如图5-4-8所示。

图 5-4-8　配菜

① 初步加工：准备好主配料。

② 初步加工：芥蓝摘去老叶、老根，并用手刀修理整齐。

③ 初步加工：蒜切成茸。

④ 初步加工：锅中做水，放入少许盐、食用油。

（3）烹制菜肴。

炒锅岗位完成烹制成菜操作步骤如图5-4-9所示。

① 清洗过的芥蓝入沸水中焯烫，焯烫后捞出备用。

② 焯熟后捞出备用。

③ 勾兑碗汁，放入盐、糖、味精、鸡汤、水淀粉。

图 5-4-9 烹制

④ 炒锅坐火,油热后下入蒜茸煸香。

⑤ 加入芥蓝,最后勾入碗汁旺火翻炒。

技术要点:

① 焯水时间不要过长。

② 焯水时锅中要加入少许盐和油。

③ 煸蒜时要小火。

④ 挑选原料时,看看根部是否够嫩。

小贴士:

兑碗汁更有利于在锅中翻炒时间短的优势。

(4)成品装盘与整理装饰。

炒锅与打荷共同完成。

技术要点:

保证卫生洁净,达到食用标准。

(5)评价标准。

蒜茸芥蓝的评价标准如表 5-4-9 所示。

表 5-4-9　蒜茸芥蓝的处理与烹制工作任务评价标准

项目	配分	评价标准
刀工	20	芥蓝加工 12 厘米长、长短均匀
口味	20	咸鲜
色泽	10	色泽翠绿
汁(芡)量	20	适量 均匀裹在菜上

续表

项目	配分	评价标准
火候	25	口感脆嫩
装盘成形（鱼盘）	5	盘边无油迹，盘饰卫生，简洁美观

3．清氽丸子

（1）原料准备。

打荷岗位、上杂岗位与炒锅岗位配合领取并备齐清氽丸子所需主料、配料和调料，如表5-4-10、表5-4-11所示。

表5-4-10　准备热菜所需主料、配料

菜肴名称	份数	准备主料		准备配料		准备料头		盛器规格
		名称	数量/克	名称	数量/克	名称	数量/克	
清氽丸子	1	猪瘦肉馅	200	木耳	20	姜	10	9寸汤盘
				冬笋	20			
				油菜心	50	葱	10	

表5-4-11　准备热菜调味（单一味型）——酱香味

调味品名	数量	口味要求
料酒	15毫升	
精盐	15克	
味精	10克	
胡椒粉	10克	口味咸鲜香，口感鲜嫩细软
香油	5毫升	
蛋清	70毫升	
毛汤	500毫升	
湿淀粉	20克	

（2）菜肴组配过程。

打荷岗位完成配菜组合操作步骤如图5-4-10所示。

① 初步加工：准备好所需要的主配料。

② 初步加工：猪肉馅用刀刃剁细，再挑去肉筋。

③ 初步加工：水发木耳洗净切小片，冬笋切片，葱姜切细末，油菜心洗净切条。

④ 初步加工：肉茸置于大碗中，加入料酒、盐、味精、胡椒粉搅拌均匀。

图 5-4-10　配菜

（3）烹制菜肴。

炒锅岗位完成烹制成菜操作步骤如图 5-4-11 所示。

① 加入湿淀粉，分三次加入蛋清，顺一个方向搅拌均匀，加入葱姜末。

② 锅中做水，放入切好的木耳和冬笋焯水。

③ 挤好大小均匀的丸子。

④ 鸡汤上火烧至微开，逐次下到开水锅中煮熟。

⑤ 放入氽好肉丸调味，将焯过水的配料放入，待丸子漂起时，撇去浮沫，点几滴香油，盛入碗中即成。

图 5-4-11　烹制菜肴

技术要点：

① 搅拌时应将蛋清徐徐倒入，并顺一个方向搅拌。

② 码味清淡、腌制均匀。

③ 氽丸子的手法准确合理，大小一致。

④ 火候掌握恰当，丸子漂起时即基本成熟。

小贴士：

一定要撇去浮沫。

（4）成品装盘与整理装饰。

炒锅与打荷共同完成。

技术要点：

保证卫生洁净，达到食用标准。

（5）评价标准。

清汆丸子的评价标准如表 5-4-12 所示。

表 5-4-12　清汆丸子的处理与烹制工作任务评价标准

项目	配分	评价标准
肉丸挤制	20	肉丸直行 2.5 厘米大小一致
口味	20	咸鲜浓郁
色泽	10	洁白
汁（芡）量	20	汤汁润滑
火候	25	口感鲜嫩入味
装盘成形（汤盘）	5	盘边无油迹，盘饰卫生，简洁美观

4．星洲炒米粉

（1）原料准备。

打荷岗位、上杂岗位与炒锅岗位配合领取并备齐星洲炒米粉所需主料、配料和调料，如表 5-4-13、表 5-4-14 所示。

表 5-4-13　准备热菜所需主料、配料

菜肴名称	份数	准备主料		准备配料		准备料头		盛器规格
		名称	数量/克	名称	数量/克	名称	数量/克	
星洲炒米粉	1	米粉	150	叉烧肉	50	洋葱	30	9寸月光盘
				虾仁	100			
				青椒	20	韭黄	50	
				红椒	20			

表 5-4-14 准备热菜调味（单一味型）——酱香味

调味品名	数量	口味要求
咖喱粉	15 克	
色拉油	50 毫升	
生粉	3 克	
油咖喱	10 克	咸鲜微辣，咖喱味浓郁
盐	5 克	
糖	5 克	
鸡粉	10 克	

（2）菜肴组配过程。

打荷岗位完成配菜组合操作步骤如图 5-4-12 所示。

步骤一：
初步加工时锅中加入适量的水，将米粉放入滚水中烫约 2 分钟。

步骤二：
用筷子挑松散捞起沥干水分，盛在盆中淋少许色拉油，用筷子不断挑起使米粉凉透不粘连，待用。

步骤三：
将所有原料、配料切配成形备用。

步骤四：
再将虾仁放入滚水中氽烫约 1 分钟后捞起沥干水分备用。

图 5-4-12 配菜

（3）烹制菜肴。

炒锅岗位完成烹制成菜操作步骤如图 5-4-13 所示。

步骤一：
热锅加入 15 毫升色拉油，将米粉摊入锅中呈饼状，小火将两面煎成金黄色后控入漏勺，并打散备用。

步骤二：
热锅加入少许色拉油，把配料一同下锅煸炒出香味倒出备用。

步骤三：
另热锅加入 20 毫升色拉油，放入咖喱粉、油咖喱酱以小火拌炒 30 秒。

步骤四：
再放入洋葱、叉烧肉、青红椒丝、虾仁下锅拌炒均匀。

步骤五：
加入米粉、盐、糖、鸡粉续炒约 1 分钟后倒入高汤，再加入韭黄拌炒均匀即可。

图 5-4-13　烹制菜肴

技术要点：

① 韭黄并不是一年四季都有，亦可以用香葱段或蒜黄代替韭黄。

② 米粉出锅后撒上点炒熟的白芝麻效果更佳。也可以将鸡蛋摊成如煎饼状的薄饼，切成细丝撒在炒好的米粉上。

③ 火腿是叉烧的替代品，如果可以买到好的叉烧，自然火腿就不用了。

小贴士：

① 咖喱粉最好选择原味的，才能突出这道米粉的传统风味。

② 米粉在超市中有成袋装的出售。特征是比粉丝细、亚白色半透明。

（4）成品装盘与整理装饰。

炒锅与打荷共同完成。

技术要点：

保证卫生洁净，达到食用标准。

（5）评价标准。

星洲炒米粉的评价标准如表 5-4-15 所示。

表 5-4-15　星洲炒米粉的处理与烹制工作任务评价标准

项目	配分	评价标准
刀工	20	所有配料切配均匀
口味	20	咸鲜微辣、咖喱味浓郁
色泽	10	色泽黄澄澄
汁（芡）量	20	无汁芡、干爽
火候	25	无焦煳现象
装盘成形（月光盘）	5	盘边无油迹，盘饰卫生，简洁美观

（三）按照岗位要求打荷、炒锅配合协作完成收档工作

收档工作如下：

依据小组分工对工作区域的设备、工具进行清洗，所有物品经整理后归位原处，码放整齐。各种用具、工具干净，无油腻、无污渍；炉灶清洁卫生，无异味；抹布应干爽、洁净，无油渍、污物，无异味。厨余垃圾经分类后送到指定垃圾站点。

> 收档程序：保管剩余原料→依据小组分工对剩余的主料、配料、调料进行妥善保存→容易变质的原料封保鲜膜放入 0～4 摄氏度冰箱保存→擦拭整理货架→清洁电器设备，及时清理灭蝇灯→清洁炉灶和工具→关闭燃气灶具→关闭燃气总开关→清洁工作台面和水池→清洁地面→关闭电源→关闭门窗